L'ALGÉRIE PRATIQUE

PAR

V. LOIZILLON

DIRECTEUR

de la

Correspondance générale algérienne

Prix : Un franc.

ALGER

J. CURIEL, LIBRAIRE-ÉDITEUR

17, Rue Bab-Azoun, 17,

à l'angle de la rue Scipion

1876

L'ALGÉRIE PRATIQUE

PAR

V. LOIZILLON

DIRECTEUR

de la

Correspondance générale algérienne.

———

ALGER

IMPRIMERIE DEYME

Rue de Constantine, 15.

—

1876

L'ALGÉRIE PRATIQUE

La faveur avec laquelle la presse locale et métropolitaine ont accueilli cette esquisse de la situation actuelle de l'Algérie, publiée dans la *Correspondance générale algérienne*, nous a décidé à donner, sous forme de brochure, une seconde édition de *l'Algérie pratique*.

Et, si nous souhaitons à ces pages réunies autant de succès qu'elles en ont obtenu détachées, ce n'est pas que nous nous abusions sur leur valeur ; mais nous espérons que, tombant sous les yeux de personnes qui connaissent mal la France transméditerranéenne, elles dissiperont quelques-uns des préjugés qui ont, jusqu'ici, entravé le développement auquel ce magnifique pays a droit, et contribueront à détourner en sa faveur le courant de l'émigration française.

Notre seul mérite est, du reste, d'avoir été sincère, et d'avoir présenté, sous une forme succincte et rapide, les notions que nous

avons puisées dans les travaux de nos de-
vanciers et dans les documents officiels les
plus récents.

Alger, février 1876.

V. LOIZILLON
Directeur de la CORRESPONDANCE
GÉNÉRALE ALGÉRIENNE.

CHAPITRE 1er

CONFIGURATION PHYSIQUE. — COMMUNICATIONS EXTÉRIEURES. — CLIMAT, TEMPÉRATURE, HYGIÈNE.

Au point de vue physique, l'Algérie présente une superficie égale à peu près à celle de la France, soit environ 600,000 kilomètres carrés, ou 60,000,000 d'hectares. Son développement sur la mer est de 1000 kilomètres, soit 250 lieues de côtes du Maroc à la Régence de Tunis. Sa distance moyenne des côtes de France est de 804 kilomètres. Elle est reliée à la mère-patrie par de nombreux paquebots faisant des services réguliers entre les grands ports de ses trois départements et Marseille. La Compagnie Valéry, adjudicataire du service des transports de l'Etat, a deux départs par semaine de Marseille pour Alger, et d'Alger pour Marseille : la durée de la traversée moyenne est de 34 heures ; un départ de Marseille pour Oran, Philippeville et Bône, et réciproquement ; la durée moyenne de la traversée, entre Marseille et Oran, est de 48 heures : le paquebot faisant ce service touche à l'aller et au retour à Carthagène (Espagne). La durée moyenne de la traversée entre Marseille et Philippeville est de 33 heures ; entre Marseille et Bône, de 40 heures : tous les quinze jours, le paquebot faisant ce service touche à Ajaccio (Corse).

En outre, la Compagnie de Navigation mixte, chargée du service des dépêches, fait également un voyage régulier par semaine, aller et retour, à prix réduits, entre Marseille, Alger, Mostaganem et Oran, Philippeville et Bône.

La Compagnie des Messageries maritimes, un voyage par semaine, aller et retour, entre Marseille et Alger.

La Ligne Péninsulaire et algérienne, un service régulier bi-mensuel entre Dunkerque, Rouen, le Havre et Oran, Alger, Philippeville et Bône.

La Société Générale des transports maritimes à vapeur, un voyage par semaine, de Marseille à Alger, Bône et Philippeville, dans l'été seulement.

L'Algérie est aussi mise, deux fois par mois, en communication directe avec l'Angleterre par la Compagnie British India dont les paquebots relâchent à Alger à l'aller et au retour de leurs voyages.

Nous négligeons plusieurs autres Compagnies à voyages intermittents.

De plus, deux départs réguliers par semaine, effectués par la Compagnie Valéry et la Compagnie de Navigation mixte, mettent les ports de la côte Est en communication avec Alger, relié d'autre part à Oran par la voie ferrée, desservie d'une extrémité à l'autre par un train quotidien parcourant en 16 heures les 428 kilomètres qui séparent ces deux villes.

Deux câbles sous-marins mettent, en

outre, toutes les localités importantes de l'Algérie en communication immédiate avec les bureaux télégraphiques de la France et de l'étranger.

Par suite de sa configuration générale et de la nature du sol, l'Algérie se partage en deux zônes s'étendant parallèlement à la Méditerranée : l'une au Midi, le Sahara ; l'autre au Nord, le Tell. C'est sur le Tell (*Tellus*), région des terres labourables, que se sont portés les efforts de la colonisation. Cette région possède en effet par elle-même tous les éléments de la vie complète ; elle est cultivable sur la presque totalité de son étendue, et se prête aux cultures les plus variées. On y rencontre de magnifiques forêts, et cette contrée ne le cède à aucune autre pour la richesse de ses mines et de ses carrières.

La température de la région du Tell rappelle celle de la Provence. Toutefois, en hiver et sur le littoral, elle est plus douce que sur les points les plus favorisés du Midi de la France ; la ville d'Alger, notamment, est appelée à devenir une des stations hivernales préférées des étrangers, à qui l'état de leur santé commande, et à qui leur position de fortune permet d'émigrer des régions froides du Nord vers une contrée plus hospitalière. Il est très rare qu'à Alger le thermomètre descende à zéro, encore n'est-ce que pendant la nuit, et le soleil aimé de Mme de Sévigné manque rarement, vers midi, au rendez-vous, dissipant, suivant son expression, les noirs chagrins, et réchauffant l'atmosphère au point de permettre de tenir grandes ouvertes les fenêtres par lesquelles ses rayons pénètrent à profusion. Ce n'est que sur les pentes et le sommet des montagnes, à des altitudes élevées, que l'on trouve la neige et la glace. Quant à la saison chaude, que tempère d'ailleurs sur le littoral la brise de mer, elle ne dure réellement que trois mois, de juillet à fin septembre. Au mois d'octobre, commence la saison tempérée qui règne, jusqu'à fin février, avec des alternatives de beau temps et de pluies dont la durée moyenne est de 60 jours. Le printemps lui succède au mois de mars et dure jusqu'à la fin de juin. Il y a d'ailleurs lieu d'observer que depuis 25 ans les défrichements et les plantations d'arbres faits dans la région du Tell en général, et du littoral en particulier, ont amélioré très sensiblement les conditions climatériques en régularisant les pluies et en diminuant l'humidité pendant la saison chaude, progrès qui s'accroîtra à mesure du développement des cultures et du boisement des plaines et des montagnes, préoccupation constante de l'Etat et des communes.

La moyenne de la température est à Alger de 17°5.

Quant à la région saharienne, la température y est beaucoup plus chaude que dans le Tell, mais cependant supportable. Ainsi à Biskra, d'après 2,806 observations thermométriques faites en 1874, et reproduites dans le Bulletin météorologique mensuel, la température moyenne a été de 21° et les températures extrêmes de 0°4 le 9 janvier et 42°5 le 29 juillet.

Les cultures et le reboisement ont eu aussi une action très marquée sur l'état hygiénique général du pays ; l'action débilitante exercée sur le corps humain, pendant la saison des grandes chaleurs, va chaque année s'affaiblissant, et si les fièvres n'ont pas complètement disparu dans certaines régions de l'intérieur, tous les médecins sont d'accord à reconnaître qu'elles ont perdu tout caractère de gravité. Cette maladie est, du reste, la seule qui soit spéciale à l'Algérie ; et, non-seulement elle est aujourd'hui guérie facilement, mais la plupart du temps prévenue par des précautions hygiéniques à la portée de tous, et qui, observées, rendent l'acclimatation très rapide, si surtout on choisit comme époque de débarquement et d'installation la période comprise entre l'automne et le printemps, c'est-à-dire d'octobre aux derniers jours d'avril. Cette époque est d'ailleurs celle choisie par l'Administration pour le peuplément des nouveaux villages par les immigrants.

CHAPITRE II

DIVISIONS POLITIQUES. — PROVINCES. — DÉPAR-
TEMENTS. — ARRONDISSEMENTS. — POPULA-
TION. — ACCROISSEMENT DE LA POPULATION.

Au point de vue politique, l'Algérie est
divisée en trois provinces, comprenant chacune un territoire civil ou départemental,
et un territoire de commandement, soumis
temporairement à l'administration militaire:
à l'Ouest, la province d'Oran ; au Centre,
la province d'Alger ; à l'Est, la province de
Constantine. La population de l'Algérie,
d'après le recensement officiel de 1872,
comptait 2,416,225 habitants dont 129,601
Français et 34,574 israélites indigènes naturalisés en masse en 1870 ; 71,366 Espagnols, 18,351 Italiens, 11,512 Anglo-Maltais, 4,933 Allemands, 9,354 immigrants
appartenant à des nationalités diverses,
2,416,225 Musulmans, et une population en
bloc de 11,482 habitants. Il est bon de faire
observer qu'en vingt années la population
française a doublé, puisqu'en 1852 elle ne
comprenait que 65,731 nationaux. La même progression a été à peu près suivie par
les nationalités étrangères jusqu'à cette
époque ; mais depuis 1872, grâce au mouvement imprimé à l'immigration, l'élément
français a augmenté dans des proportions
plus considérables encore ; chaque année,
l'excédant des naissances sur les décès se-

traduit aussi par un chiffre de plus en plus important. Le recensement opéré en 1874 de la population agricole, a permis de constater que sur le chiffre total de la population donné plus haut, 2,148,364 personnes se livrent aux travaux des champs, savoir 2,030,589 indigènes et 117,775 européens.

Les neuf dixièmes de la population européenne, au moins, habitent les territoires départementaux ; nos nationaux y jouissent dans toute leur plénitude des droits attachés à la qualité de Français ; ils sont régis par les lois métropolitaines générales et par les mêmes règles administratives. C'est donc principalement de ces territoires et du mode de leur administration qu'il y a lieu de s'occuper, et cela avec d'autant plus de raison que les portions de territoire de commandement sur lesquelles des groupes européens se sont formés, sont rattachées aux territoires civils aussitôt qu'elles ont pris une certaine importance. Depuis 1870, ces annexions ont été considérables, et le territoire civil qui, au 31 décembre de ladite année, ne comptait que 1,353,414 hectares et une population de 800,000 âmes environ, comprend aujourd'hui 1,047,092 âmes et une superficie de 4,159,955 hectares. Rien qu'en 1875, il a été fait remise à l'administration civile de 176,037 hectares comportant une population de 20,300 habitants dont 1,359 Français. Administrativement, les trois départements de l'Algérie sont divisés de la façon suivante :

Département d'Alger, chef-lieu *Alger*.

Quatre arrondissements : *Arrondissement d'Alger* ; superficie 482,152 hectares ; population au 1er octobre 1875, 212,641 âmes, dont 48,115 Français, 9,394 israélites indigènes, 38,402 étrangers et 116,720 indigènes musulmans répartis sur 53 communes de plein exercice comprenant 85 sections communales, et 2 communes mixtes comprenant 11 sections communales ; 15 douars sont rattachés provisoirement à des communes de plein exercice.

Arrondissement de Miliana, chef-lieu Miliana ; superficie 99,910 hectares ; population, 22,381 âmes, dont 3289 Français, 1038 israélites naturalisés, 1424 étrangers et 16,630 indigènes musulmans, répartie en 7 communes de plein exercice comprenant 8 sections communales, et 1 commune mixte comprenant 4 sections communales ; 5 douars sont rattachés provisoirement à des communes de plein exercice.

Arrondissement d'Orléansville, chef-lieu Orléansville ; superficie 53,309 hectares ; population, 16,597 âmes, dont 2,472 Français, 220 israélites naturalisés, 1,570 étrangers et 12,335 indigènes musulmans, répartie en 3 communes de plein exercice comprenant 5 sections communales, et 1 commune mixte comprenant 5 sections communales.

Arrondissement de Tizi-Ouzou, chef-lieu Tizi-Ouzou ; superficie 191,456 hectares ; population, 128,516 âmes, dont 3,286 Français, 261 israélites indigènes, 397 étrangers et 121,572 indigènes musulmans, répartie dans cinq communes de plein exercice comprenant 10 sections communales, et 4 communes mixtes comprenant 45 sections communales.

Le territoire de commandement de la province d'Alger a une superficie de 9,689,924 hectares ; la population est de 529,155 habitants sur lesquels on compte 2,470 Français, 16 israélites indigènes et 742 étrangers. Il comprend 7 communes mixtes et 13 communes indigènes sous l'administration des généraux subdivisionnaires, dont la résidence est établie à Alger, Fort-National, Aumale, Médéa et Miliana.

Département d'Oran, chef-lieu Oran ; cinq arrondissements. — *Arrondissement d'Oran*, chef-lieu Oran ; superficie 597,000 hectares ; population, 130,833 âmes dont 19,522 Français, 8,193 israélites naturalisés, 31,514 étrangers et 71, 605 indigènes musulmans, répartie dans 26 communes de plein exercice comprenant 36 sections communales, et 3 communes mixtes comprenant 30 sections communales ; un douar est rattaché provisoirement à des communes de plein exercice.

Arrondissement de Mascara, chef-lieu Mascara ; superficie 247,698 hectares ; population, 39,939 âmes, dont 4,170 Français, 1,022 israélites naturalisés, 2,615 étrangers et 32,132 indigènes musulmans, répartie dans 2 communes de plein exercice comprenant 5 sections communales, et 2 communes mixtes comprenant 30 sections communales.

Arrondissement de Mostaganem,

chef-lieu Mostaganem ; superficie 262,116 hectares ; population, 62,503 âmes, dont 6,772 Français, 969 israélites naturalisés, 4,295 étrangers et 62,503 indigènes musulmans, répartie dans 14 communes de plein exercice comprenant 17 sections communales, et 3 communes mixtes comprenant 36 sections communales.

Arrondissement de Sidi-Bel-Abbès, chef-lieu Sidi-Bel-Abbès ; superficie 232 mille 513 hectares ; population, 29,440 âmes dont 3,692 Français, 337 israélites naturalisés, 5,909 étrangers et 19,502 indigènes musulmans, répartie dans 4 communes de plein exercice comprenant 6 sections communales, et 2 communes mixtes comprenant 21 sections communales.

Arrondissement de Tlemcen, chef-lieu Tlemcen ; superficie 196,107 hectares ; population, 39,025 âmes dont 3,704 Français ; 3,256 israélites naturalisés, 2,900 étrangers et 29,165 indigènes musulmans, répartie dans 3 communes de plein exercice comprenant 8 sections communales, et 2 communes mixtes comprenant 17 sections communales ; un douar est provisoirement rattaché à une commune de plein exercice.

Le territoire de commandement de la province d'Oran a une superficie de 6,797,631 hectares ; sa population est de 222,107 habitants, sur lesquels on compte 3,331 Français ; 334 israélites naturalisés et 1,098 étrangers ; il comprend 7 communes mixtes et 14 communes indigènes placées sous la haute administration des généraux subdivisionnaires dont la résidence est à Oran, Mascara et Tlemcen.

DÉPARTEMENT DE CONSTANTINE, chef-lieu Constantine ; six arrondissements. — *Arrondissement de Constantine*, chef-lieu Constantine ; superficie 793,953 hectares ; population, 155,483 âmes, dont 15,278 Français, 5,290 israélites naturalisés, 3,300 étrangers et 131,615 indigènes musulmans, répartie dans 14 communes de plein exercice comprenant 22 sections communales, et 3 communes mixtes comprenant 48 sections communales.

Arrondissement de Bône, chef-lieu Bône ; superficie 368,119 hectares ; population, 54,369 âmes, dont 7,659 Français, 724 israélites indigènes, 11,074 étrangers et 34,912 indigènes musulmans, répartie dans 12 communes de plein exercice comprenant 16 sections communales, et 2 communes mixtes comprenant 19 sections communales.

Arrondissement de Bougie, chef-lieu Bougie ; superficie 46,872 hectares ; population, 21,334 âmes, dont 3,460 Français, 390 israélites naturalisés, 800 étrangers et 16,684 indigènes musulmans, répartie dans 2 communes de plein exercice comprenant 3 sections communales, et 2 communes mixtes comprenant 15 sections communales.

Arrondissement de Guelma, chef-lieu Guelma ; superficie 67,257 hectares ; population, 18,505 habitants, dont 2,626 Français, 547 israélites naturalisés, 2,327 étran-

gers et 18,605 indigènes musulmans, répartie dans 6 communes de plein exercice
comprenant 8 sections communales, et 2
communes mixtes comprenant 7 sections
communales.

Arrondissement de Philippeville,
chef-lieu Philippeville ; superficie 263,303
hectares ; population, 55,317 âmes, dont
8,577 Français, 158 israélites naturalisés,
6,617 étrangers et 39,965 indigènes musulmans, répartie dans 10 communes de plein
exercice comprenant 22 sections communales, et 4 communes mixtes comprenant 29
sections communales.

Arrondissement de Sétif, chef-lieu
Sétif ; superficie 358,061 hectares ; population, 60,208 âmes, dont 4,394 Français,
840 israélites naturalisés, 1.267 étrangers
et 53,707 indigènes musulmans, répartie
dans 5 communes de plein exercice comprenant 10 sections communales, et 4 communes mixtes comprenant 32 sections communales ; un douar est rattaché provisoirement
à une commune de plein exercice.

*Le territoire de commandement de la
province de Constantine* a une superficie
de 10,908,812 hectares ; sa population est
de 650,337 habitants sur lesquels on compte
1,254 Français et 260 étrangers ; il comprend 4 communes mixtes et 20 communes
indigènes placées sous la haute administration des généraux subdivisionnaires dont
la résidence est fixée à Constantine, Batna,
Bône et Sétif.

Des chiffres ci-dessus il résulte que, depuis le recensement général de 1872, la population française de l'Algérie s'est accrue de 14,280 âmes et s'élève aujourd'hui à 143,881 habitants, au lieu de 129,601 en 1872 ; elle dépasse de 27,132 habitants la population d'origine étrangère. En 1872, il n'existait entre ces deux éléments de la population algérienne qu'une différence de 14,085 âmes au profit de la nationalité française ; et cependant, depuis le recensement de 1872, il y a eu aussi progression chez les étrangers, dont le nombre s'est élevé de 115,116 à 116,749 habitants.

CHAPITRE III

ORGANISATION ADMINISTRATIVE, POLITIQUE ET JUDICIAIRE.

Les territoires départementaux sont, administrativement parlant, assimilés aux départements métropolitains ; un préfet, jouissant des mêmes attributions qu'en France, est chargé, dans chacun d'eux, de la haute administration ; il a sous ses ordres directs des sous-préfets, un par arrondissement, et des administrateurs civils à qui l'administration des communes mixtes est confiée.

Toutes les communes de plein exercice sont

administrées par un maire nommé suivant
les règles établies par la loi municipale métropolitaine et assisté par un conseil municipal élu, avec cette seule dérogation,
conséquence de la diversité des éléments
qui composent chaque groupe communal,
que des étrangers et des indigènes, désignés
aussi par le suffrage, y prennent place dans
une proportion établie d'après le nombre
des résidents de chacune de ces deux caté-
gories dans la commune. Enfin, un Conseil
général électif, possédant tous les privilé-
ges des Conseils généraux métropolitains,
et nommant comme eux une Commission
départementale, concourt, dans les mêmes
conditions qu'en France, à l'administration
de chaque département. Un certain nombre d'assesseurs musulmans, ayant voix
délibérative, est adjoint dans chaque Conseil général aux membres français ; ils
sont désignés par le Gouverneur général et
choisis de préférence parmi les indigènes
comprenant la langue française et ayant
donné des gages de leur attachement à la
France ; ils ne prennent point part à l'élec-
tion des sénateurs non plus que les conseillers municipaux élus au titre étranger et
indigène.

Dans les communes mixtes, formées des
circonscriptions dans lesquelles la population indigène est dominante, et où la population européenne commence seulement à
fonder quelques établissements, sous la
protection spéciale de l'administration ou
du commandement, l'administrateur rem-

plit les fonctions de maire avec l'assistance d'un Conseil municipal dont les membres sont à la nomination du Gouverneur général.

Le gouvernement général et la haute administration de l'Algérie sont centralisés à Alger sous l'autorité d'un Gouverneur général civil ; le général Chanzy, qui occupe ce poste depuis 1872, est aussi commandant des forces de terre et de mer ; un Directeur général est chargé, sous ses ordres, de l'expédition des affaires civiles et financières.

Le budget spécial du gouvernement général est rattaché au ministère de l'intérieur. Dans ce budget, ne sont pas comprises les dépenses afférentes à l'armée, à la marine, à la justice, à l'instruction publique, aux cultes et aux prisons, qui relèvent directement des ministères compétents. Un Conseil du gouvernement, composé de tous les chefs de service et de trois conseillers rapporteurs, est placé auprès du Gouverneur et sous sa présidence ; il donne son avis sur toutes les questions renvoyées à son examen. Ce Conseil, augmenté de dix-huit délégués élus pour une période de trois ans par les Conseils généraux, à raison de six membres par département, se transforme en Conseil supérieur pour examiner le projet de budget annuel du gouvernement général préparé par les soins du gouvernement. Depuis son arrivée au pouvoir, le général Chanzy présente, chaque année, à cette Assemblée, un exposé complet de la situation de l'Algérie.

Le budget, arrêté par le gouvernement général, est soumis à l'examen du ministre de l'intérieur et à la sanction de l'Assemblée nationale. Aux termes de la loi du 3 novembre dernier, trois députés algériens, un par département, font partie de cette Assemblée ; ils sont élus par l'universalité des électeurs français y ayant leur résidence, soit en territoire civil, soit en territoire de commandement. Les lois constitutionnelles ont également attribué un sénateur à chaque département algérien ; le corps électoral est composé des mêmes éléments qu'en France, moins les conseillers d'arrondissement : conseillers généraux au titre français, et délégués des Conseils municipaux nommés par les conseillers municipaux français ; les Conseils d'arrondissement n'existent pas en Algérie.

De ce qui précède, il résulte que les Français jouissent, en Algérie, des mêmes droits civils et politiques que dans la métropole, et qu'ils les exercent dans les mêmes conditions.

Au point de vue judiciaire, l'assimilation est également complète. Le service judiciaire comprend aujourd'hui une Cour d'Appel siégeant à Alger ; 10 tribunaux de première instance, savoir ; 3 dans la province d'Alger : à Alger, Blida et Tizi-Ouzou ; 4 dans la province de Constantine : à Bône, Bougie, Constantine et Sétif ; 3 dans la province d'Oran : à Mostaganem, Oran et Tlemcen ; 3 tribunaux de commer-

ce, à Alger, Constantine et Oran, et 69 justices de paix.

La procédure suivie en matière civile,
devant les Cours et Tribunaux, est la même
qu'en France, avec cette seule différence
que les avocats-défenseurs nommés par le
gouvernement, qui remplissent en Algérie
les fonctions d'avoués, peuvent postuler,
c'est-à-dire plaider en toutes matières, sans
que les parties aient besoin de recourir au
ministère d'un avocat.

La procédure devant les justices de paix
est aussi celle tracée par nos Codes, avec
cette dérogation, que la compétence de certaines justices de paix situées loin du chef-
lieu judiciaire est étendue en matière civile
et commerciale jusqu'à 500 francs en dernier ressort, et jusqu'à 1.000 francs en
premier ressort. Toute contestation entre
Européens et indigènes est de la compétence exclusive des tribunaux français. Il
a été également dérogé par le décret du 10
août 1875 à l'article 3 de la loi du 29 ven-
tôse, an IX, en ce sens que dans les cantons
judiciaires comprenant plusieurs cercles
militaires, le nombre des suppléants du
juge de paix, fixé à deux par la loi susdite,
peut être augmenté et mis en rapport avec
les besoins du service.

Le même décret a prescrit de nombreuses
audiences foraines, qui doivent être tenues
régulièrement et à dates fixes sur les points
extrêmes de chaque canton. Dans tous les
cantons où n'existent pas encore de notai-

res, les greffiers de justices de paix sont autorisés à en remplir les fonctions.

En matière criminelle et correctionnelle, tous les Européens, quel que soit le lieu de leur résidence, relèvent, suivant les règles du droit commun, des Cours d'assises statuant avec l'assistance d'un Jury, composé d'après les règles en usage dans la métropole, ou des tribunaux correctionnels de la circonscription.

Les règles de l'appel des jugements en matières civile, commerciale et correctionnelle, sont les mêmes que dans la métropole. Le recours en cassation est seul ouvert, comme en France, contre les arrêts des Cours d'assises ou de la Cour d'appel. Toute trace des anciennes juridictions exceptionnelles a disparu ; les cercles militaires de l'extrême sud, Géryville et Sebdou, où n'existe encore qu'un noyau infime de population européenne, sont les seuls dans lesquels un officier reste provisoirement chargé des fonctions judiciaires : ces officiers sont désignés par le Gouverneur sur la proposition du procureur général.

<hr>

CHAPITRE IV.

RÉGIME LÉGAL.

Dans le chapitre qui précède, nous avons

vu que les Français habitant l'Algérie jouissaient de tous les droits afférents à leur qualité, et possédés par leurs concitoyens de la métropole, et que, sous les rapports administratif et judiciaire, l'assimilation était complète, en ce sens au moins que les règles du droit commun ont été, quel que soit le territoire, substituées au respect des Européens aux règles d'exception. En un mot, en Algérie comme en France, la loi seule régit administrateurs et administrés.

Toutefois, il est évident que toutes les lois qui sont appliquées dans la métropole à une société complètement formée, ne pouvaient être immédiatement applicables à une société en voie de formation et composée d'éléments encore incomplètement fondus. Cette situation imposait fatalement des modifications, des exceptions appelées à disparaître avec les causes qui leur donnaient naissance.

Depuis 1872, époque à laquelle le général Chanzy, prenant possession du gouvernement général civil, a franchement posé le principe de l'assimilation et l'a pris comme objectif de ses efforts, toutes les lois spéciales votées par l'Assemblée nationale ont eu ce double caractère de s'inspirer de l'esprit de la loi commune, d'en respecter les principes et de ne les modifier que sur les points de détail commandés par les nécessités du moment. Toutes les grandes questions intéressant le régime légal de l'Algérie sont donc soumises à la sanction de l'Assemblée nationale, et les décrets, qui

étaient jadis la règle, sont devenus l'exception. Le gouvernement général n'a recours
au pouvoir exécutif que dans les cas qui
exigent une solution immédiate, et à propos
de questions ressortissant plutôt du domaine
de la règlementation que du domaine légis-
latif. Aussi M. le général Chanzy a-t-il pu
écrire dans son Exposé sur la situation générale à la fin de 1875 :

« Le principe admis par tous est que la
légalité établie par la Chambre doit demeu-
rer la base de toutes les mesures à prendre
dans l'intérêt de l'Algérie.

Ces mesures consistent à introduire successivement dans la France transméditerranéenne toutes les lois métropolitaines, en
modifiant, à titre transitoire seulement,
celles de leurs dispositions que l'état actuel
des choses rend temporairement inapplica-
bles, et à préparer le jour où, ces modifications disparaissant d'elles-mêmes à la suite
des progrès de l'assimilation, les territoires
français situés sur les deux rives de la Méditerranée seront régis par une loi unique.

CHAPITRE V.

RÉGIMES DE FAVEUR. — SERVICE MILITAIRE. —
IMPÔTS DIRECTS ET INDIRECTS. — TAXES COM-
MUNALES. — OCTROIS.

Jusqu'en 1872, les jeunes gens nés en

Algérie avaient été dispensés du service
militaire, et astreints uniquement à un service de milice réglé par des décrets spéciaux. Mais, après le vote de la loi sur le
recrutement imposant à chaque citoyen
français l'obligation du service personnel,
en présence de l'accroissement constant
de la population française sur le territoire
transméditerranéen, cette exception n'avait
plus sa raison d'être ; jouissant d'ailleurs
de tous les droits politiques métropolitains,
les Algériens devaient remplir les devoirs
corrélatifs. Toutefois, les nécessités de la
défense locale et les besoins de la colonisation imposaient l'obligation d'admettre
certains tempéraments à la loi générale,
tout en respectant les grands principes sur
lesquels elle repose. C'est ce qu'a fait la
loi du 6 novembre dernier, déterminant *les
conditions suivant lesquelles les Français domiciliés en Algérie sont soumis
au service militaire.*
Tout en laissant intact le principe du
service obligatoire et personnel, tout en
ne touchant pas à la règlementation générale, le législateur a su concilier les exigences de la défense et de la colonisation,
en réduisant à une année le service effectif des Algériens dans l'armée active ; en
autorisant le renvoi dans leurs foyers, après
six mois de présence sous les drapeaux, des
jeunes gens appartenant à des familles de
colons habitant des fermes ou des villages isolés ; en augmentant de moitié la proportion des soutiens de famille exemptés,

à ce titre, du service militaire ; en décidant que les jeunes soldats algériens feraient leur année de service dans les corps stationnés en Algérie, et seraient incorporés comme réservistes dans les corps ou fractions de corps spécialement affectés à sa défense ; enfin, en étendant le bénéfice de ces dispositions de faveur à tous les jeunes Français qui, n'étant pas nés en Algérie, prendront avant le tirage au sort l'engagement d'y résider pendant dix ans.

En matière d'impôts, le même système protecteur a été suivi ; l'impôt foncier personnel et mobilier n'a pas encore été appliqué à l'Algérie ; et, jusqu'à ce jour, à l'exception des patentes perçues au profit de l'État, toutes les taxes imposées aux Européens ont été perçues au profit des communes. Seuls les impôts indirects, tels que droits d'enregistrement et de timbre, droits de douane, amendes, produits des postes et de la télégraphie et des contributions indirectes sont, du chef des Européens, entrés dans le Trésor public. Et encore, la plupart de ces impôts ont-ils subi des adoucissements très sensibles comparativement aux bases adoptées dans la métropole.

Il est vrai que le développement continu de la prospérité générale, l'extension de la colonisation et la nécessité de donner aux départements une organisation financière, qui leur permette de faire face avec leurs ressources propres à leurs dépenses, impose l'urgence de modifications dans le régime actuel ; l'heure est arrivée d'assimiler plus complètement, sous le rapport de l'impôt, l'Algérie à la métropole.

L'Assemblée nationale est saisie d'un projet tendant à ce but ; mais les couclusions les plus rigoureuses dussent-elles même être adoptées, que le régime nouveau constituerait encore un régime de faveur, puisqu'aux termes de ces conclusions, et pendant une période d'au moins dix années, l'impôt foncier sur les propriétés rurales serait réduit de moitié, de même que celui à percevoir sur les droits de succession. Ajoutons que ces différents impôts ne seront appliqués que dans les territoires cadastrés.

Pour le moment, il n'est pas encore question de modifier les ordonnances réduisant à la moitié des droits perçus en France, décimes non compris, les droits fixes ou proportionnels d'enregistrement, de greffe et d'hypothèques.

Les contributions indirectes, proprement dites, établies en Algérie, se réduisent à des droits mensuels à titre d'abonnement sur la fabrication et la vente des boissons et des tabacs, droits proportionnels, aux termes de l'ordonnance encore en vigueur du 31 janvier 1874, à l'importance de la population des communes, où s'exploitent ces industries. L'impôt qui frappe en France les allumettes n'a pas été appliqué à l'Algérie ; leur fabrication, de même que celle des tabacs, est libre, à charge par les indus-

triels appartenant à cette dernière catégorie, de déposer un cautionnement et d'acquitter les droits de licence imposés par
l'ordonnance ci-dessus énoncée.

La population algérienne européenne
acquitte, au profit des communes, des taxes
identiques à celles perçues dans la métropole, et, en plus, une taxe, dite locative,
qui cessera le jour où on lui substituera la
taxe personnelle et mobilière. Les ressources
communales se composent en outre, des recettes réparties au prorata du nombre des
consommateurs entre toutes les communes, et
provenant d'un octroi de mer perçu, moyennant l'abandon d'un droit fixe de 5 p. 0/0.
par l'Administration des Douanes sur certains objets d'alimentation introduits par
mer. Quant à l'octroi de terre, il n'existe
dans aucune des communes algériennes.

CHAPITRE VI

COMMUNICATIONS INTÉRIEURES. — ROUTES. —
CHEMINS DE FER. — SERVICE DES POSTES. —
TÉLÉGRAPHIE.

En nous suivant jusqu'ici, le lecteur a
pu voir que l'émigrant qui quitte la France
continentale pour l'Algérie, y retrouve
toutes les garanties que lui donnait les ré-

gimes politique, administratif et judiciaire
de la mère-patrie, et que ses droits étant
les mêmes, ses obligations sont cependant
adoucies dans une mesure fort appréciable. Nous allons établir, avant d'aborder
les chapitres que nous nous proposons de
consacrer aux ressources agricoles, industrielles et commerciales de la France transméditerranéenne, et aux procédés employés
en vue de sa complète colonisation, qu'on y
jouit aujourd'hui des commodités, des facilités, des avantages, de la sécurité et
même des agréments que peut donner une
nation civilisée.

Transporté en quelques heures de Marseille dans un des grands ports de l'Algérie, le nouveau colon se demande souvent
comment, après le débarquement, il gagnera sa résidence dans l'intérieur. Nous
avons vu nombre de fois cette question
posée au bureau central de renseignements ;
et, certainement, la crainte d'habiter un
centre privé de toute communication, d'y
vivre à un état à demi-sauvage, de n'y
trouver ni médecin, ni école, ni église, ni
même les moyens de satisfaire aux besoins
de la vie matérielle, a retenu de l'autre
côté de la Méditerranée bien des familles,
qui auraient pu se créer en Algérie l'aisance qui leur faisait défaut. Que ces craintes
se dissipent. Tout d'abord, constatons-le,
il est passé depuis de longues années le
temps où n'existaient, en fait de routes,
que des sentiers frayés par le pas de l'homme et des animaux de charge, simples pis-

les impraticables à la suite des pluies. Et, lorsque des routiniers parlent encore des prétendus sacrifices imposés à la France par la conquête de l'Algérie, ils oublient que de 1830 à ce jour, le plus clair des sommes attribuées à l'Algérie a été dépensé en travaux publics et en grande partie affecté à la construction de voies intérieures qui ont frayé la route à la colonisation et au peuplement, et que, chaque année, une part considérable des budgets départementaux et communaux est également consacrée à l'entretien des routes établies, à l'achèvement de celles commencées et à la création de voies nouvelles.

A l'heure actuelle, les trois départements algériens sont sillonnés du Nord au Sud, de l'Est à l'Ouest, de routes et chemins de toute nature, routes nationales, stratégiques, départementales, chemins de grande communication, vicinaux ou de colonisation, qui forment comme un vaste réseau enveloppant tout le territoire, du rivage aux extrêmes limites de la région occupée par la colonisation, des frontières du Maroc aux frontières de la Tunisie ; et si, sur certains points, il existe encore des lacunes qui, chaque jour, diminuent d'importance, on peut dire cependant, qu'il n'est plus un centre qui ne soit relié aux autres par un chemin praticable, et que, d'un bout à l'autre et en tous sens, le mouvement de la civilisation circule en Algérie, sous la forme de voitures affectées au transport des voyageurs ou à celui des marchandises et des produits du sol. La France a mis plus de temps à compléter son réseau routier que n'en mettra l'Algérie à créer le sien de toutes pièces ; il en sera de même pour son réseau ferré, si, comme toutes les probabilités permettent de l'espérer, le mouvement commencé depuis 1872 continue à se développer dans les mêmes proportions. Au moment où nous écrivons, deux chemins de fer seulement sont, il est vrai, livrés à la circulation : 1° celui d'Alger à Oran (421 kilomètres), qui relie le chef-lieu du département de l'Ouest à Alger, en desservant les plaines de la Mitidja et du Chélif et les villes principales du département d'Alger, Blida, Miliana, Orléansville ; 2° la voie qui rattache le chef-lieu du département de l'Est, Constantine, à son port d'embarquement, Philippeville (87 kil.) ; mais on ne compte pas moins de quatre nouvelles lignes concédées et en voie d'exécution.

Dans le département d'Oran, la ligne d'intérêt local de Sidi-bel-Abbès au Tlélat (50 kil.), avec prolongement demandé jusqu'à Raz el Ma, et la ligne d'Arzew à Saïda (216 kil.)

Ces deux voies ferrées mettront la plus grande partie du sud du département d'Oran en communication directe avec la mer ; le réseau de cette région sera complété en rattachant à un point de la côte Sebdou et Tlemcen, et Tiaret à Mostaganem par Relizane (ligne aujourd'hui à l'enquête).

Dans le département de Constantine, la ligne d'intérêt local de Bône à Guelma (90 kil.), avec prolongement jusqu'à Tébessa, est en voie d'achèvement, et la concession de la double ligne d'intérêt public de Constantine à Sétif (130 kil.), et plus tard à Batna (80 kil.), vient d'être approuvée par la Chambre.

Après l'achèvement de ces voies, le réseau de cette région sera également complet le jour où une ligne ferrée, partant d'Alger, rejoindra la ligne de Sétif.

Pendant ce temps, on poursuit dans le département d'Alger l'enquête relative à la ligne d'Affreville (station du chemin de fer d'Alger à Oran) à Boughzoul, par Boghar et Boghari. De son côté, le département n'attend plus que l'accomplissement des formalités nécessaires pour procéder à l'exécution de la première des trois lignes d'intérêt local, dont son Conseil général a voté la création, c'est-à-dire la ligne de la Maison-Carrée (station du chemin de fer d'Alger à Oran) à Tizi-Ouzou, par le Col des Beni-Aïcha. L'exécution de cette ligne sera suivie à bref délai de celle de la voie ferrée de la Maison-Carrée à Rovigo, et d'El-Affroun (station du chemin de fer d'Alger à Oran) à Marengo. Ces chemins de fer constitueront aussi dans cette région un réseau répondant à tous les besoins du moment.

Du reste, on peut se faire une idée à peu près juste de l'état d'avancement des voies de communication en Algérie, par ce fait que, d'une extrémité à l'autre de ce vaste territoire, le service des postes, sauf

sur cinq points où il est fait par des cava-
liers, et exécuté par des courriers en voi-
ture ; qu'il est journalier entre tous les
grands centres, et que le nombre de ces
services, assurés par l'industrie privée, s'é-
lève, non compris les deux chemins de fer
d'Alger à Oran et de Constantine à Philippeville, à 57 parcourant annuellement
3,100,000 kilomètres.

Un des premiers besoins de toute société
civilisée, la facilité des communications, a
donc, dès à présent, reçu une satisfaction
d'autant plus complète en ce qui touche
tant les relations extérieures qu'intérieures,
que, d'autre part, le développement du
réseau télégraphique électrique intérieur,
introduit en Algérie en 1854 seulement, a
été tel qu'il embrasse aujourd'hui la totalité du territoire mis en rapport direct avec
la Tunisie et l'Europe, et comprend un
développement de 6,500 kilomètres de
lignes et 108 bureaux livrés à la correspondance privée, dont 53 sont ouverts au
service des mandats.

Quant à l'importance du mouvement
résultant des facilités données à la correspondance, les chiffres suivants permettront
de l'apprécier. Les recettes nettes réalisées
par le service des postes se sont élevées de
1,117,723 fr. en 1871 à 1,354,443 francs
en 1874 ; et celles réalisées par le service
télégraphique de 502,630 fr. 78 c. en 1871
également à 846,403 francs en 1874.

CHAPITRE VII.

ASSISTANCE MÉDICALE ET HOSPITALIÈRE. —
BUREAUX DE BIENFAISANCE. — SOCIÉTÉ DE SE-
COURS MUTUELS. — CAISSES D'ÉPARGNE. —
MONT-DE-PIÉTÉ.

Nous avons indiqué sommairement, dans
le 1er chapitre de cette notice, les améliorations introduites dans la constitution
hygiénique générale de l'Algérie par les
travaux de colonisation, mise en culture de
vastes espaces, plantations, reboisement,
desséchements et régularisation des irriga-
tions ; ces travaux, en assainissant le sol, en
purifiant l'air ambiant, ont eu pour conséquence de modifier, en les rendant infiniment plus rares et plus bénins, les accès de
fièvres intermittentes qui, au début de la
conquête, avaient infligé à l'Algérie un
fâcheux renom d'insalubrité ; toutefois, il
faut ajouter que les efforts de la science et
de la haute administration ont puissamment
contribué à ces résultats si satisfaisants
sous tous les rapports. On ne citerait pas, en
effet, un autre pays dans lequel la santé
publique ait été l'objet de plus de sollici-
tude de la part de l'autorité supérieure, et
où les soins de l'homme de l'art aient été
mis plus largement à la portée de toutes
les personnes qui les réclament.

L'agglomération de la population européenne dans les grands centres y avait
attiré, comme la chose a toujours lieu, de

nombreux médecins, mais il fallait aussi,
surtout, assurer le service médical dans les
petits centres, dans les villages éloignés,
dans les fermes isolées, problème difficile
qu'a parfaitement résolu l'institution des
médecins de colonisation. En 1873, un arrêté ministériel divisait les territoires livrés
à la colonisation en un certain nombre de
circonscriptions médicales ; un médecin, dit
de colonisation, était tenu de résider dans
la localité désignée comme chef-lieu de
la circonscription, de faire des tournées
périodiques dans chacun des centres ou
groupes de population en dépendant, de
tenir au lieu de sa résidence, à jour et heure fixes, un bureau de consultation gratuite, de propager la vaccine et de donner
gratuitement les soins et les services de
l'art à toutes les personnes indigentes.

Depuis, cette institution n'a fait que se
développer. Pendant tout le temps que les
honoraires de ces hommes, dont le dévoue-
ment n'a jamais fait défaut, sont restés à la
charge des départements, les conseils généraux ont tenu à honneur de s'associer à
une œuvre aussi philantropique, en multi-
pliant le nombre des médecins de colonisation, au fur et à mesure que s'aggrandis-
saient les territoires dans lesquels s'exerçait
l'action de la colonisation européenne ; et,
en se substituant en 1875 aux départements,
le gouvernement a eu garde d'abandonner
cette bonne tradition.

Outre les médecins militaires ou communaux, chargés de ce service au 1er jan-

vier 1875, on compte en Algérie 74 médecins spéciaux de colonisation, rétribués sur les fonds de l'Etat, et il n'existe pas dans les trois provinces un seul centre agricole qui ne soit visité régulièrement par un homme de l'art, toujours prêt à répondre aux appels qui lui sont adressés, à aider de ses sages conseils l'acclimatation de la famille des immigrants, à lui fournir sur place les remèdes dont elle peut avoir besoin. Parallèlement, les établissements hospitaliers tendent à se multiplier dans les trois départements ; et, dans les villes qui n'ont pu encore établir des hôpitaux civils, les hôpitaux militaires sont ouverts aux malades civils ; ils y reçoivent tous les soins que réclame leur situation.

Plus heureux, sous ce rapport, que beaucoup de cultivateurs de certains départements métropolitains, le colon algérien est donc certain, quel que soit le point qu'il habite, fût-ce même un poste avancé, qu'en cas de maladie ou d'accident, les secours intelligents de la science ne feront défaut ni à lui ni à sa famille.

Dans les trois départements, des hospices et des orphelinats sont largement ouverts, les uns aux invalides du travail, les autres aux jeunes orphelins, que l'absence des membres de leur famille ne permet pas d'assister à domicile. Jamais les crédits nécessaires au soulagement de ces deux classes si intéressantes de la grande famille humaine n'ont été marchandés, et on peut espérer qu'avant la fin de l'année courante deux nouveaux établissements, un Asile pour les aliénés et un Hôpital pour les aveugles, viendront compléter le régime hospitalier de l'Algérie.

Ajoutons que, dans le but de venir en aide aux infortunes passagères, des bureaux de bienfaisance ont été créés dans toutes les villes de quelque importance ; ils sont alimentés par des subventions communales, des dons ou des legs, et par la charité privée qui ne leur a jamais fait défaut. Un crédit de cent mille francs, porté pour 1877 à cent trente mille, est, en outre, inscrit chaque année au budget de la colonisation, à titre de secours de route aux colons et ouvriers nécessiteux, en dehors des crédits affectés par les départements, soit au même usage, soit en vue d'accorder un secours immédiat aux victimes d'un évènement calamiteux.

Mais, en même temps que l'Administraton supérieure s'efforçait de parer, par des institutions publiques, à toutes les éventualités calamiteuses, elle se préoccupait aussi de stimuler l'initiative privée, et de faire naitre dans les masses les sentiments de solidarité, en favorisant l'établissement des Sociétés de secours mutuels, et l'amour de l'épargne, par l'institution des Caisses d'épargne, dont l'accès est singulièrement facilité à la population agricole, qui trouve dans les nombreux receveurs des contributions diverses, des intermédiaires gratuits pour toutes les opérations habituelles de ces Caisses.

Un coup-d'œil, jeté sur les statistiques officielles, prouve que l'utilité des Sociétés de secours mutuels et des Caisses d'épargne a été comprise par la population algérienne. On compte, en effet, dans les trois départements, quarante-quatre Sociétés de secours mutuels, dont quelques-unes, telles que la *Famille* et *les Arts-et-Métiers*, d'Alger, sont en pleine voie de prospérité, et à la veille de pouvoir assurer des pensions de retraite à leurs anciens sociétaires. Le nombre des membres honoraires ou participants faisant partie de ces Sociétés est d'environ 7,000, dont les deux tiers appartiennent à la nationalité française.

Au 31 décembre 1874, le nombre des livrets, dans les Caisses d'épargne du déparpartement d'Alger, était de 3,147, représentant une épargne de 793,721 fr. 87 c., et de I,212 livrets dans les Caisses d'épargne du département d'Oran, représentant une épargne de 207.483 fr. 13. Nous n'avons pas sous les yeux la situation, à la même époque, des Caisses d'épargne du département de Constantine ; mais les situations antérieures permettent de supposer que le bilan des opérations dans ce département se rapproche de celui du département d'Oran. La population française entre environ pour les deux tiers dans le nombre des déposants.

Enfin, pour terminer ce chapitre, mentionnons l'existence, à Alger, d'un Mont-de-Piété, créé par décret du 18 septembre 1852, et constatons que la population musulmane et israélite, à l'opposé de ce qui a lieu pour les Sociétés de secours mutuels et les Caisses d'épargne, compose pour près des deux tiers la clientèle de cet établissement ; sur 1,447.692 prêtés en 1874, 562,100, fr. l'ont été à des Musulmans, et 314,625 fr. à des israélites. Les prêts faits aux Européens ne se sont élevés qu'à 571,077 fr.

CHAPITRE VIII.

CULTES: CATHOLIQUE, PROTESTANT, ISRAÉLITE. MUSULMAN. — INSTRUCTION PUBLIQUE: PRIMAIRE, SECONDAIRE, SUPÉRIEURE. — ÉCOLES NORMALES. — LIGUE DE L'ENSEIGNEMENT.

L'Algérie est la terre promise de la liberté de conscience, et on trouverait difficilement une autre contrée où des cultes aussi divers vivent en meilleur accord et sur un pied plus parfait d'égalité ; l'église catholique à côté de la mosquée, le temple près de la synagogue. Toutefois, il ne faudrait pas induire de cette situation commandée par la diversité des religions que professe la population algérienne, que les fidèles appartenant au culte catholique trouvent de ce côté de la Méditerranée plus de difficultés qu'en France pour accomplir les devoirs de leur religion, qui est celle de la grande majorité des Européens ; d'après le recensement de 1872, on en comptait près de 234,000 contre 6,000 protestants.

Alger est le siége d'un archevêché dont le titulaire, Mgr Lavigerie, a signalé son apostolat par la création de nombreuses œuvres catholiques ou de charité. Oran et Constantine sont chacun le siége d'un évêché ; et, en 1872, on ne comptait pas moins de 221 paroisses qui, depuis, ont été très sensiblement accrues par la construction des nombreuses églises dont ont été pourvus ou seront pourvus les nouveaux villages créés depuis cette époque.

Dans le seul département d'Oran, douze églises sont actuellement en construction à l'aide des subventions de l'Etat. Sous peu, on ne verra pas un seul centre de quelque importance qui ne soit dominé par le clocher de son église. Dés à présent, les fidèles ont, en moyenne, beaucoup moins de chemin à parcourir pour se rendre le dimanche à la messe que les habitants d'un grand nombre de départements de la métropole ; les secours religieux ne font donc pas plus défaut à ceux qui les réclament que les secours médicaux.

Les dépenses des cultes, sauf celles du culte musulman qui figurent aujourd'hui au budget spécial, sont inscrites au budget du ministère des cultes et de l'instruction publique ; elles se sont élevées, en 1874, à la somme de 1,052,000 francs ; 150,000 francs sont, en outre, inscrits au budget spécial à titre de subventions aux communes

pour construction d'églises. Une part est
également prélevée annuellement sur le
budget spécial de colonisation dans le but
de doter d'églises les centres nouvellement
créés ; 46,500 francs ont été affectés à cet
usage en 1874. Des crédits, également pré-
levés sur le même chapitre, pourvoient aux
frais de première installation du culte et à
un service d'indemnités alloué aux curés qui
desservent plusieurs paroisses en attendant
la nomination des titulaires.

Un consistoire provincial, institué au
chef-lieu de chacune des trois provinces,
administre les biens consistoriaux et les
établissements de bienfaisance protestante.
Les membres de ces assemblées sont éligi-
bles ; les laïques sont en nombre double de
celui des pasteurs et sont choisis par parties égales dans l'Eglise réformée et dans
celle de la confession d'Augsbourg. La présidence des consistoires est annuelle et
élective ; elle appartient tour à tour aux
pasteurs luthériens et réformés.

Un consistoire provincial israélite existe
également au chef-lieu de chacune des
trois provinces ; chaque consistoire est composé du grand-rabbin de la circonscription
et de six membres laïques qui choisissent
l'un d'entre eux pour président. Chaque
consistoire a, en outre, un représentant
auprès du consistoire central, qui siége à
Paris ; il nomme un délégué à chacune des
synagogues de sa circonscription. En 1872,
on comptait 39,812 personnes appartenant
au culte israélite.

La diffusion de l'instruction a été, dès le moment où la conquête s'est affermie, une des préoccupations les plus constantes de l'administration supérieure. Lorsqu'on en suit la marche depuis quarante ans, on demeure stupéfait de la rapidité des progrès accomplis ; ils sont d'ailleurs hautement affirmés par ce fait résultant des constatations établies dans le rapport général de M. Levasseur, membre de l'institut, sur l'instruction secondaire et primaire à l'exposition de Vienne, que l'Algérie, avec un élève sur 109 habitants appartenant à la population européenne fréquentant le lycée ou un collége, et 19,9 enfants sur 100 habitants appartenant à la même population, fréquentant l'école primaire ou l'asile, occupe le premier rang, marchant avant l'Allemagne, la France et l'Angleterre.

Suivant une expression très juste et très pittoresque de M. le recteur de l'académie d'Alger, dans son rapport adressé au Conseil supérieur sur la situation de l'instruction publique en Algérie en 1875, les établissements de toute nature qui, de l'asile à l'école de médecine, distribuent l'enseignement, forment un vaste réseau, dont les ramifications s'étendent aux villages les plus minimes et les plus éloignés. L'école est, en effet, avec l'église et la mairie, le premier bâtiment public qui s'élève dans les nouveaux centres. En 1875, 64,397 enfants des deux sexes ont fréquenté les 573 écoles publiques ou libres et les 133 salles d'asile ouvertes dans les trois provinces, et occupant, les premières: 1,149 maîtres ou maîtresses laïques et congréganistes ; les secondes : 247 personnes. La population scolaire des écoles primaires proprement dites a été de 45,273 élèves se divisant, au point de vue du sexe, de la façon suivante : garçons 23,852, filles 21,421. La part de la nationalité arabe, dans ce chiffre, a été seulement de 1,643 garçons et de 221 filles.

Quant aux établissements d'instruction secondaire, ils se composent actuellement 1° du lycée d'Alger, recevant à lui seul 809 élèves et comportant un personnel de 86 fonctionnaires ; 2° de neuf colléges communaux entre lesquels se répartit une population scolaire de 1,623 élèves. Constantine est à la veille de voir son collége communal qui a reçu 330 élèves en 1875, et dont l'aménagement ne laisse rien à désirer grâce aux sacrifices de la municipalité, érigé en lycée. Le collége d'Oran qui, au 1er mai 1875 comptait 217 élèves, ne peut aussi tarder de mériter cette distinction. Le chef-lieu de chaque province deviendra alors le centre d'un foyer d'instruction répondant aux aspirations les plus élevées de la population qui rayonne autour, tandis que les autres colléges communaux, deux dans la province d'Alger, Blida, et Miliana, deux dans la province d'Oran, Mostaganem et Tlemcen, trois dans la province de Constantine, Sétif, Bône et Philippeville, permettront aux pères de famille, qui ne destinent pas leurs enfants aux carrières exclusivement libérales, de leur faire donner, à proximité de la maison paternelle, une éducation correspondante aux professions qu'ils doivent embrasser.

Nous citons pour mémoire quatre établissements libres d'instruction secondaire.

Enfin, l'Algérie compte quatre établissements d'instruction supérieure, savoir: une école préparatoire de médecine d'Alger, qui comporte onze professeurs titulaires ou suppléants, et qui délivre des diplômes d'officier de santé, de pharmacien et de sage-femme, et trois chaires d'enseignement supérieur de langue arabe, une au chef-lieu de chaque département, dont les cours sont destinés à perfectionner l'éducation commencée sous ce rapport dans les écoles et dans les colléges.

Une école normale à Alger pour les garçons, et une école normale pour les filles à Miliana, sont chargées de pourvoir en partie au recrutement du personnel enseignant des écoles primaires : les elèves y sont admis au concours. Leur instruction y dure trois années. Le prix de la pension est payé au moyen de bourses fondées par le département. Le personnel enseignant du lycée et des colléges est détaché de la métropole, par le ministre de l'instruction publique et placé sous la haute autorité du recteur de l'Académie d'Alger assisté d'inspecteurs secondaires et primaires.

Le budget de l'instruction publique, dans lequel l'Etat participe pour 245,000 francs environ, est annuellement de 2,378,000 fr. dont 1,526,414 fr., plus de la moitié, sont

supportés par les communes. Ce chiffre indique par lui-même l'importance des sacrifices que consentent les municipalités algériennes pour assurer aux enfants de leurs
administrés les bienfaits de l'instruction
primaire gratuite. Des subventions de l'Etat,
des départements et des communes, permettent aussi de répartir au concours, entre les
jeunes élèves les plus méritants, des
bourses ou demi-bourses au lycée d'Alger
ou dans les colléges communaux.

L'initiative privée participe de son côté à
cette grande croisade contre l'ignorance,
cette grande plaie de l'humanité, en stimu-
lant, par des prix, l'émulation des élèves, en
aidant par des dons la création des bibliothèques populaires ou scolaires. A Alger, et
dans quelques autres villes, *la Ligue de
l'enseignement* a pu fonder à ses frais une
bibliothèque, des écoles en pleine voie de
prospérité et des cours d'adultes qui, conjointement avec ceux que professent les
titulaires des écoles communales, partout où
la population d'un centre est assez nombreuse pour leur assurer un auditoire, fournissent à la jeunesse et même à l'âge mûr
les moyens d'utiliser leurs loisirs à la per-
fection de leur instruction.

Bien que forcément rapide en raison des
dimensions que nous devons donner à cet
ouvrage, ce tableau de l'instruction publique est suffisant, nour l'espérons du moins,
pour enlever au père de famille immigrant
en Algérie toutes les préoccupations qu'il
pourrait avoir au sujet de l'accomplissement

du premier et du plus grand des devoirs qui lui incombent, donner à ses enfants une instruction et une éducation en rapport avec les professions auxquelles il les destine.

CHAPITRE IX.

CARRIÈRES OUVERTES AUX JEUNES ALGÉRIENS. — PROFESSIONS LIBÉRALES. — AVANTAGES DE LA CONNAISSANCE DE LA LANGUE ARABE. — CONCOURS. — PROFESSIONS INDUSTRIELLES AGRICOLES, COMMERCIALES.

Toutefois, ce n'est pas tout d'élever et d'instruire les enfants, il faut, une fois leur éducation terminée, qu'ils trouvent ouvertes les carrières qu'ils devront embrasser et parcourir. Sous ce rapport, l'Algérie est au moins aussi bien partagée que la France. Le lycée d'Alger rend en effet ses élèves aptes à toutes les professions libérales, et le nombre de ceux que, depuis sa constitution, il a fait recevoir dans les grandes écoles de l'Etat, écoles polythecnique et de St-Cyr, école normale, etc., prouve que l'instruction qui est donnée dans cet établissement est à la hauteur de celle que reçoivent les élèves de la métropole dans les lycées les plus renommés. Bientôt, avons-nous dit déjà, le collége de Constantine, puis celui d'Oran, seront élevés au même niveau. Mais, en dehors des professions auxquelles

donnent accès les grandes écoles de l'Etat,
et qui devront être quelquefois parcourues,
du moins en partie, dans la métropole, il en
est d'autres, que les jeunes Algériens peuvent suivre sans quitter leur patrie d'a-
doption ; en tête de ces dernières, il faut pla-
cer toutes celles qu'ouvre l'étude du droit:
magistrature, barreau, haute administration.

Il est vrai, qu'en l'absence d'une Ecole
de droit en Algérie, l'étudiant doit prendre ses inscriptions dans une école métropolitaine ; mais une fois ses diplômes obtenus, il peut, à son gré, se faire une place
comme avocat dans un des barreaux des
tribunaux de l'Algérie, y obtenir une charge d'avocat-défenseur, entrer dans la magistrature assise ou debout, ou dans la
haute administration.

A côté des avocats proprement dits,
exerçant dans les mêmes conditions qu'en
France, sont placés des avocats-défenseurs
joignant la postulation au droit de plaidoi-
rie, et dont la nomination appartient au
gouvernement central ; les titulaires de ces
fonctions sont pris de préférence parmi les
Algériens remplissant les conditions édic-
tées par le décret du 7 décembre 1841 ; il
en est de même pour les charges non vé-
nales de greffiers, de commissaires-priseurs
et d'huissiers. En ce qui touche la magistrature, chaque jour démontre davantage
la nécessité de recruter le personnel des
débutants parmi les jeunes Algériens, en
raison de leur connaissance des mœurs des

indigènes et surtout de celle de leur langue, qu'ils ont eu toutes facilités d'apprendre. Quant à la haute administration, s'il suffit, pour prendre part aux concours à la suite desquels le personnel des commis-rédacteurs de la Direction générale se recrute, de justifier d'un diplôme de bachelier ès-lettres ou ès-sciences, le grade de licencié en droit permet de concourir pour le poste de commis-principal donnant, pour la 3me classe, 3,000 fr. d'appointements annuels.

C'est parmi les employés titulaires de la Direction générale qu'est choisi, pour la majeure partie, le personnel des services administratifs algériens, qu'il soit au choix ou à la proposition du gouverneur ; et en raison des facilités qui leur ont été données pour apprendre la langue arabe, tous les avantages sont aux jeunes Algériens, les postes administratifs étant réservés à ceux-là seuls qui sont en état de se passer du ministère d'un interprète.

La connaissance de la langue arabe ouvre, en outre, deux carrières spéciales et brillantes, sans similaires en France : celle des interprètes militaires et des interprètes judiciaires, dont les emplois sont donnés au concours ; elle permet aux employés de toutes les administrations d'améliorer sensiblement leur position, par l'obtention des primes réservées à ceux d'entre eux qui passent les examens institués à cet effet, primes qui se traduisent par une augmentation annuelle d'appointements de 300 et de 500 fr., suivant qu'ils justifient posséder les connaissances exigées des interprètes militaires de 3me ou de 1re classe.

En Algérie, comme en France, des concours ont lieu pour le recrutement des agents des diverses administrations publiques, postes, télégraphie, contributions, forêts ; les mêmes avantages d'âge y sont faits aux jeunes soldats à leur sortie du service militaire. Le concours est aussi la règle généralement suivie pour l'obtention des places à la nomination des préfets dans les divers services soumis au contrôle des Conseils généraux.

Dans le chapitre précédent, nos lecteurs ont vu que l'Ecole préparatoire de médecine pouvait accorder les grades d'officier de santé, de pharmacien et de sage-femme ; l'obtention du doctorat exige donc seul un stage dans une Faculté de la métropole, et il y a lieu d'espérer que la création prochaine d'une Ecole vétérinaire à Alger viendra combler la lacune qui existe de ce côté, de même que seront comblés, par l'inscription au budget de 1877 de crédits suffisants pour le développement de la ferme et bergerie-école de Ben-Chicao, où les fils des colons seront admis conjointement avec les fils des indigènes, et l'institution à Dellys d'une Ecole professionnelle des Arts-et-Métiers, les lacunes relatives à l'éducation agricole et des arts manuels. Hâtons-nous de dire, cependant, en ce qui concerne les métiers manuels, que l'industrie locale est, dès à présent, suffisamment développée et

au courant des progrès modernes, pour former par l'apprentissage des ouvriers habi-
les dans tous les métiers. Il en est de même
pour les jeunes gens assez nombreux qui
se destinent à la carrière commerciale : après
avoir reçu au Lycée d'Alger, ou dans les
colléges communaux, l'instruction nécessaire, ils trouvent toujours l'occasion d'utiliser leurs aptitudes et leurs connaissances
acquises dans les maisons de banque ou de
commerce de l'Algérie, à des conditions qui
ne le cèdent en rien à celles qui leur seraient faites dans la métropole. Quant aux
élèves sortant des Ecoles normales d'Alger
et de Miliana, ils sont, à la suite de leurs
examens de sortie, placés dans les Ecoles
communales de l'Algérie où les sacrifices des
municipalités leur assurent, même dans les
postes de début, une position supérieure à
celle qu'ont en France la plupart des direc-
teurs et directrices d'école.

CHAPITRE X

VIE INTELLECTUELLE. — SOCIÉTÉS SAVANTES,
LITTÉRAIRES, MUSICALES. — BIBLIOTHÈQUES.
— MUSÉES. THÉATRES. — SOCIABILITÉ. —
MARIAGES.

Nous aurons bientôt à établir que les
besoins de la vie matérielle trouvent, en
Algérie, une ample satisfaction procurée,

en partie par les ressources du pays, en partie par celles tirées de la métropole. Toutefois, en s'implantant sur le sol africain, la société française devait aussi songer à s'assurer les jouissances de la vie intellectuelle, et, sous ce rapport encore, l'Algérie a peu de chose à envier à la métropole.

Alger, Oran et Constantine, sont les centres naturels de la vie intellectuelle, et on pourrait, notamment, consacrer un volume entier aux Bibliothèques, Expositions, Musées qui font la gloire moderne de l'antique Djezaïr, ainsi qu'aux Sociétés savantes et artistiques qui s'y sont fondées : *Société des Beaux-Arts, Société archéologique, Société climatologique, Sociétés philarmoniques,* etc., etc. Aussi, alors même que sa situation, son climat et son développement ne lui assureraient pas le rang, à défaut du titre, de capitale de l'Algérie, Alger aurait encore droit à cette distinction, en raison des facilités de toute nature qu'y trouvent le savant, le littérateur, l'artiste, pour continuer les études de leur goût, en raison de l'action dominante qu'exerce sur l'intérieur le rayonnement de ces Sociétés par leurs publications périodiques et par le lien qu'elles établissent entre les savants, les littérateurs et les artistes du département et même de l'Algérie entière.

Mais ce serait s'abuser que de croire que la vie intellectuelle se manifeste seulement dans les trois chefs-lieux.

Si Alger possède six journaux, Oran quatre et Constantine trois, les centres de quelque importance ont aussi, pour la plupart, leur organe spécial consacré aux intérêts locaux et à la reproduction des feuilles métropolitaines, leur imprimerie, leur bibliothèque communale ; et, souvent, comme Philippeville et Bône, un Musée des plus intéressants composé des richesses archéologiques recueillies sur place. Dans cette dernière ville, existe aussi, sous la dénomination d'*Académie d'Hippone,* une Société savante dont les travaux multiples présentent le plus grand intérêt. Les dernières statistiques constatent l'existence de 92 bibliothèques scolaires renfermant ensemble près de 12,000 volumes, mis à la portée de tous. Depuis 1872, les Sociétés philarmoniques et de tir ont pris un grand développement ; presque tous les villages possédant une population suffisante, ont leur Orphéon ou leur musique organisée, prêts à entrer en lice le jour évidemment prochain où des concours seront institués.

L'art dramatique et lyrique est également représenté à Alger par un Théâtre national, subventionné par l'Etat et les communes ; à Oran, à Mostaganem, à Tlemcen, à Sidi-bel-Abbès, à Constantine, à Philippeville, à Bône, par des théâtres subventionnés par les municipalités ; on y joue le répertoire des principaux théâtres de la capitale, parfois aussi des œuvres inédites dues à des auteurs algériens.

Si, comme dans tous les villages, la saison d'hiver ne fournit pas à la population agricole, l'occasion de se réunir dans les fêtes officielles ou privées, dont les villes, grandes ou petites, sont le théâtre, elle se rattrape pendant la saison d'été, et le plus modeste centre célèbre annuellement la fête du patron sous l'invocation duquel il est placé, par des bals et des réjouissances auxquelles prennent part tous les habitants des environs.

On peut donc conclure que la population européenne de l'Algérie est éminemment sociable ; sociabilité qui se traduit par une grande facilité dans les relations et une réelle aménité de mœurs. Aussi les unions entre jeunes gens appartenant au même monde s'y concluent-elles avec moins de difficultés qu'en France ; et, si les mariages d'argent y sont plus rares, ceux basés sur l'inclination mutuelle y sont plus fréquents ; partant, les demandes en séparation de corps infiniment plus rares.

De 1867 à 1872, le nombre des mariages contractés entre Français et Françaises, Français et Européennes, et Européens et Françaises, a été de 8,220 dont 6,348 pour la première catégorie seulement ; mais, depuis cette époque, la proportion s'est très sensiblement accrue. L'âge moyen au jour du mariage est : hommes nés en Europe, 34 ans ; hommes nés en Algérie, 27 ans ; femmes nées en Europe, 24 ans ; femmes nées en Algérie, 19 ans.

CHAPITRE XI .

VIE MATÉRIELLE SUR LE LITTORAL ET DANS
L'INTÉRIEUR. — LOYERS. — SALAIRES.

Quelques anciens Algériens regrettent amèrement l'époque où certaines denrées étaient cotées à un prix fabuleux de bon marché ; où, par exemple, la viande coûtait de 30 à 40 centimes la livre, les œufs 25 centimes la douzaine ; où, pour cinq à six francs on pouvait se procurer un mouton entier ; où le gibier n'avait pas de valeur marchande ; mais, ils oublient l'écart qui existait alors entre le prix des denrées coloniales, des vêtements, des tissus, de la chaussure, des loyers en France, et celui auquel étaient cotés les mêmes objets dans les villes du littoral et surtout de l'intérieur. Tout compte fait, la vie matérielle était peut-être, dans son ensemble, plus chère alors qu'aujourd'hui pour un ménage ; et, à coup sûr, les ressources étaient infiniment moindres. Si, par suite de l'augmentation du nombre des consommateurs et du mouvement de l'exportation, le prix de certaines denrées a doublé, triplé même, le phénomène contraire s'est produit sur beaucoup d'autres, principalement en ce qui touche les objets d'importation. Simultanément, la création des voies ferrées et des routes ordinaires avait pour résultat de niveler, dans une proportion très sensible, la valeur des objets de consommation ordinaire, en permettant à la concurrence de faire sentir partout son action bienfaisante. Aussi l'écart considérable qui se rencontrait autrefois entre le prix des différentes denrées, suivant que l'on habitait le littoral ou l'intérieur, tend-il tous les jours à disparaître ; et si les habitants des villages, qui trouvent pour leurs produits un écoulement facile, paient plus cher les objets de consommation produits par l'industrie locale, en revanche, ils obtiennent à des taux infiniment moins élevés tous ceux qui leur arrivent du dehors. Nous ne craignons donc pas de le dire, la balance demeure à leur avantage, car d'une part ils vendent leurs denrées plus cher ; de l'autre ils peuvent se procurer à des prix modérés et sans être astreints à de coûteux et longs déplacements, tous les objets indispensables à l'existence.

L'Algérie est, il est vrai, si peu connue en France, que personne ne se fait une idée juste de la façon dont on y vit, et nous avons entendu nous-même des touristes ou des habitants de l'Algérie être accusés d'abuser de la crédulité de leurs auditeurs, lorsqu'ils leur racontaient qu'ayant parcouru en tous sens les trois provinces, ils avaient trouvé à chaque étape un hôtel leur offrant bon gîte et bonne table, même au seuil du désert à mi-route de Batna et Biskra par exemple, à un taux bien inférieur à celui qui aurait été exigé dans la plus modeste auberge du plus modeste village de la métropole. La chose est pourtant exacte, et la table du colon est,

pour l'abondance et la variété de la nourriture, infiniment supérieure à celle de la grande
majorité des agriculteurs de la mère-patrie ; il en est bien peu chez qui le vin et la
viande ne fassent pas partie de l'alimentation journalière. De nombreux marchés
indigènes hebdomadaires, que fréquentent
les colporteurs israélites, offrent aux ména-
gères des plus petits centres l'occasion de
se procurer, outre les objets de consommation immédiate, viande, œufs, volaille, etc.,
etc., toutes les menues fournitures nécessaires à la cuisine, à l'entretien et, à la
rigueur, des étoffes et des vêtements.

Il suffit d'ailleurs d'ouvrir un indicateur
commercial, pour constater que tous les
commerces intéressant les besoins réels
sont représentés dans les moindres communes. Quant aux villes, sans parler même
d'Alger, d'Oran et de Constantine, qui ne le
cèdent à aucun chef-lieu sous le rapport de
l'abondance et de la variété des ressources
de tout genre qu'ellent offrent à leurs habitants, elles sont abondamment pourvues,
non seulement en vue de satisfaire aux besoins de leur population, mais encore afin
d'approvisionner les centres qui rayonnent
autour d'elles ; et, chose remarquable, due à
l'infériorité du prix des loyers, les étoffes
de toute nature, moins peut-être celles absolument de luxe, la lingerie et la chaussure
s'y paient moins cher que dans les grandes
villes de la métropole. Le fait est surtout
incontestable pour Alger, dont certains magasins de nouveautés peuvent rivaliser,

pour la variété et l'abondance de leurs assortiments, avec les maisons les plus renommées de la capitale, dont ils ont adopté les procédés de vente, y compris l'envoi franco dans l'intérieur des achats dépassant la somme de 25 francs.

Dans les villes, l'accroissement de la population a peut-être eu cependant pour effet de faire hausser le prix des loyers ; toutefois, en ce qui touche surtout les logements d'ouvriers, leur valeur ne s'est pas sensiblement accrue ; le colon qui habite sa maison n'a pas d'ailleurs ressenti l'effet de cette augmentation.

Quant aux salaires de l'ouvrier, s'ils sont variables, suivant qu'il habite, soit le littoral où la main-d'œuvre est moins rare, soit l'intérieur, ils sont toujours proportionnés aux besoins, et, pour la plupart des professions, au-dessus des prix couramment alloués dans la métropole. Cette différence est surtout très appréciable en ce qui concerne le salaire des femmes qui, dans tous les métiers affectés à leur sexe, sont payées en moyenne de 2 à 2 fr. 50 c. la journée, suivant leur mérite.

Pour nous résumer, nous repétons donc qu'à tous les points de vue la vie matérielle est aussi facile en Algérie qu'en France, et qu'elle n'entraîne aucune des privations que beaucoup s'imaginent encore être le partage des immigrants.

CHAPITRE XII

ETABLISSEMENTS DE CRÉDIT. — BANQUE DE
L'ALGÉRIE. — SOCIÉTÉ GÉNÉRALE ALGÉRIENNE.
— CRÉDIT FONCIER. — COMPTOIR D'ESCOMPTE
DE St-DENIS-DU-SIG.

En dehors des maisons de banque particulières, dont les opérations sont régies suivant des règles variables, puisqu'elles sont tracées par les fondateurs ou les propriétaires de ces établissements, l'Algérie compte, à l'heure actuelle, trois grandes institutions de crédit : la *Banque de l'Algérie ;* la *Société générale algérienne ;* le *Crédit foncier.*

La Banque de l'Algérie, créée par une loi des 4 et 28 août 1851, a eu un développement rapide et en rapport avec les besoins auxquels répondait ce premier établissement sérieux de crédit ; aussi le voit-on, dès le mois d'août 1853, obtenir l'autorisation d'établir une succursale à Oran. En 1856, c'est le tour de Constantine d'en être dotée. En 1868, Bône est favorisée d'une création semblable. Dès 1861, le capital de cet établissement, primitivement fixé à 3 millions, avait été porté à 10 millions : aujourd'hui, en vertu des lois et décrets successifs des 20 août, 30 septembre, 10 novembre 1870 et 8 avril 1872, la limite des émissions de billets de cette Banque a été portée à 48 millions de francs, avec autorisation d'émettre les mêmes coupures que la Banque de

France. Deux nouvelles succursales ont été créées en 1875, l'une à Tlemcen (dép. d'Oran), l'autre à Philippeville (dép. de Constantine,) de telle sorte que cette institution rayonne aujourd'hui sur tout le territoire de l'Algérie. Son privilége, primitivement fixé à 20 années à partir de la promulgation de la loi du 28 août 1851, a été prorogé par décret impérial du 29 février 1868 jusqu'au 1er novembre 1881.

Aux termes de ses statuts, cet établissement, placé sous la surveillance directe du ministre des finances, est administré par un Directeur et un Sous-Directeur, le premier, nommé par décret du chef du pouvoir exécutif, le second par le ministre des finances. Il leur est adjoint un Conseil composé de neuf administrateurs et de trois censeurs nommés par l'assemblée générale des actionnaires ; un comité d'escompte, dans lequel entrent seize notables commerçants actionnaires de la Banque, assiste le Conseil d'administration dans toutes les opérations d'escompte. Chaque année, le Directeur rend compte à l'assemblée générale des actionnaires de toutes les opérations de la Banque, et soumet à son approbation le compte des dépenses pour l'année écoulée.

Les opérations de la Banque de l'Algérie consistent :

A escompter les lettres de change et autres effets à ordre, ainsi que les traites du Trésor et des caisses publiques ; à escompter les obligations négociables garanties par des récépissés de marchandises déposées

dans les magasins publics agréés par l'Etat,
par des transferts de rentes françaises ou
des dépôts de lingots, de monnaies ou de
matières d'or et d'argent ; à prêter sur des
effets publics (rentes françaises) en se con-
formant à la loi du 17 mai 1834 et à l'Ordonnance du 15 juin suivant ; à recevoir en
compte-courant, sans intérêts, les sommes
qui lui sont déposées ; à se charger, pour
le compte des particuliers ou pour celui
des établissements publics, de l'encaissement des effets qui lui sont remis, et à payer
tous mandats et assignations jusqu'à concurrence des sommes encaissées ; à recevoir exceptionnellement, et d'après une dé-
libération de son Conseil d'administration,
en comptes-courants à intérêts, les fonds des
grands établissements financiers ou autres
pour la facilité des crédits ouverts sur ses
caisses, en vue de travaux d'intérêt public,
et de ses dispositions par mandats sur la
France ; à recevoir, moyennant un droit de
garde, le dépôt volontaire de tous titres,
lingots, monnaies et matières d'or et d'argent ; à émettre des billets payables au porteur et à vue, des billets à ordre et des
traites ou mandats.

La Banque reçoit à l'escompte les effets
à ordre, timbrés, payables en Algérie ou
en France, portant la signature de deux
personnes notoirement solvables, et dont
l'une, au moins, doit être domiciliée à Alger ou au siége d'une des succursales ;
l'échéance de ces effets ne doit pas dépasser
100 jours de date ou 60 jours de vue. Toute

personne notoirement solvable domiciliée à Alger, ou au siége d'une des succursales, peut être admise à l'escompte. Le taux des escomptes de la Banque est réglé, tant pour l'établissement principal que pour les succursales, par le Conseil d'administration de la Banque ; l'escompte est perçu à raison du nombre de jours à courir jusqu'à l'échéance.

Les Chambres de commerce, consultées en vue de l'éventualité du renouvellement du privilége de la Banque de l'Algérie, sur les modifications qu'il y aurait lieu d'introduire dans les statuts de cet établissement, ont toutes demandé qu'il soit autorisé à effectuer des prêts sur dépôt de titres dans les conditions de la Banque de France. Ce vœu, dit M. le Gouverneur général dans son Exposé de la situation en 1875, paraît devoir être exaucé. Le relevé officiel des opérations faites par la Banque de l'Algérie, pendant le cours de l'exercice 1874-1875, donne une idée exacte du rôle que joue cet établissement dans le crédit et dans les transactions.

Les escomptes du 1er novembre 1874 au 31 octobre 1875 se sont élevés :

A Alger à....	82.462 effets pour		53.446.114 fr.
A Bône à.....	16.995 »	»	15.038.291 »
A Constantine	54.483 »	»	49.043.231 »
A Oran à.....	91.751 »	»	68.140.545 »
Total...	245.691 »		185.668.181 fr.

Les agios ont produit......... 1.626.138 fr.

Les effets à l'encaissement se sont élevés :

A Alger à....	63.719 effets pour		34.829.723 fr.
A Bône à.....	1.610 »	»	690.203 »
A Constantine	4.249 »	»	2.200.071 »
A Oran à.....	2.532 »	»	1.733.181 »
TOTAL..	72.110 »	»	39.453.178 fr.

La circulation des billets de Banque s'élevait à la clôture de l'exercice à 32 millions 691,705 fr.

Le produit total de l'année a été de 80 fr. par action, soit 16 p. %, pour les actions émises à 500 fr., et 12 1/4 p. %, sur celles à 650 fr., taux moyen des actions émises.

Société générale algérienne. — Le 18 mai 1865, intervenait entre le ministre de la guerre, d'une part, et, de l'autre, MM. L. Frémy, gouverneur du crédit foncier, et Paulin Talabot directeur de la Compagnie des chemins de fer de Paris à la Méditerranée, une convention autorisant la création d'une société financière au capital de cent millions de francs, formé par l'émission de 200,000 actions, et ayant pour objet de procurer des capitaux, d'ouvrir des crédits pour toutes opérations agricoles, industrielles ou commerciales en Algérie ; d'entreprendre ou de réaliser ces opérations directement et par elle-même, avec faculté d'émettre des obligations, dont le produit serait exclusivement appliqué à des entreprises industrielles et agricoles, consistant en travaux publics, exploitation de mines, de terres et de forêts, exécution de barrages et de canaux d'irrigation, établissements d'usines, etc., etc. Les opérations financières, telles que prêts au commerce, escomptes, étaient indiquées comme devant être faites au moyen du capital social, dans des conditions déterminées depuis par les statuts. La Société s'engageait, en outre, à mettre à la disposition de l'Etat une autre somme de cent millions, que ce dernier devait employer dans le délai de six années à l'exécution de grands travaux publics. De son côté, l'Etat, outre qu'il remboursait le montant de chaque versement à la Compagnie au moyen d'annuités calculées au taux d'intérêt de 5^{fr} 25 p. % et comprenant la somme nécessaire pour assurer l'amortissement en cinquante années, promettait de vendre à la Compagnie cent mille hectares de terres possédées en Algérie par le Domaine, au prix d'une rente d'un franc par hectare pendant 50 années, et à lui concéder les mines dont elle découvrirait le gisement dans un délai de dix années.

Cette convention, approuvée par une loi du 12 juillet 1865 et par un décret du 18 septembre de la même année, a reçu son exécution, en ce sens que la Société a été constituée, que le prêt à l'Etat s'effectue, avec des tempéraments imposés par les évènements de 1870-71, et que l'Etat a livré à la Société les cent mille hectares promis et choisis parmi les terres de meilleure qualité que possédait alors le Domaine.

Ce n'est pas la place de rechercher si la Société générale a scrupuleusement rempli ses engagements, et si l'Algérie a retiré de cette création les grands avantages espérés au moment de sa fondation. Après avoir indiqué les origines trop peu connues de cette Société, nous n'avons à l'examiner ici que comme institution de crédit, car les comptoirs qu'elle a établis à Alger, Oran, Constantine et Bône, sont, avant tout, des comptoirs financiers se livrant aux opérations de banque et d'escompte, comme ceux de Paris et de Marseille.

La Société générale reçoit des dépôts en compte-courant avec chèques ; le taux d'intérêt alloué aux comptes de dépôt avec chèques est de 4 p. % dans les comptoirs de l'Algérie ; elle délivre également des bons de caisse représentant des dépôts à échéance fixe ; il sont au porteur ou nominatifs et transmissibles par voie d'endossement. Les bons rapportent 4 $\frac{1}{2}$ p. % pour ceux de 12 à 23 mois ; 5 p. % pour ceux de 2 à 3 ans.

Les effets entrés en portefeuille dans les comptoirs en Algérie, pendant l'année 1874, se décomposent ainsi :

Escompte	85.720.571
Divers	67.055.626
Ensemble	152.776.198

avec une différence de 2,374,985 fr. sur les opérations d'escompte de 1873.

Crédit foncier. — Un décret du 11 janvier 1860 a étendu à l'Algérie le privilége

accordé au Crédit foncier de France par les
décrets des 28 mai et 10 décembre 1852.
Ce décret a été, à son apparition, un véritable bienfait et un moyen d'action des
plus puissants pour régulariser le taux
de l'intérêt des prêts hypothécaires, pour
les ramener à un taux moyen plus faible,
et surtout pour donner aux propriétaires de
l'intérieur la facilité de contracter un emprunt sans passer sous les fourches candi-
nes de l'usure. Un autre avantage de cette
institution a été de permettre de suivre la
progression de la valeur de la propriété *, et
d'arriver à cette constatation que, dans le
délai de quinze années, la valeur de la propriété rurale a généralement doublé dans
les trois départements.

Le Crédit foncier prête aux particuliers et
aux communes. Le taux de l'intérêt, vis-à-
vis des premiers, est fixé à 6,75 °/₀ pour les
immeubles situés dans la ville d'Alger, et à
8 °/₀ pour les immeubles situés en dehors.

---

* Des renseignements recueillis par le Conseil général d'Alger, il résulte que la valeur
des immeubles urbains dans l'intérieur de la
ville de Médéa a doublé depuis dix années, et
celle des propriétés rurales quadruplé ; des terrains urbains qui, il y a quinze ans, se vendaient
3 fr. le mètre, ont atteint en 1875 le prix de 15
francs. Dans le département de Constantine,
il a suffi de l'adoption par l'Assemblée nationale, du projet du chemin de fer de Constantine
à Sétif pour que les emplacements à bâtir atteignent dans le petit village de St-Arnaud
(arrondis-sement de Sétif, 26 k. E. de cette
ville) le prix de 1 fr. 50 le mètre, soit 13.000 fr.
l'hectare.

Le taux pour les communes est de 7 °/₀, elles ne paient pas de frais d'administration, fixés uniformément pour les particuliers à un droit de 1 fr. 20 °/₀. En ajoutant à l'intérêt et aux frais d'administration l'amortissement du capital, l'annuité pour les immeubles situés dans la ville d'Alger est, pour les prêts remboursables en 30 ans, de 9,01 °/₀, et de 10,04 °/₀ pour les immeubles situés en dehors. Cette annuité est ramenée pour les communes à 8,01. Les prêts sont réalisés en numéraires et toujours remboursables, par anticipation, à la volonté de l'emprunteur.

Le Crédit foncier possède trois agences en Algérie ; leur siége est à Alger, Oran et Constantine. Les prêts réalisés depuis son fonctionnement s'élèvent environ à trente millions, dont les deux tiers ont été prêtés aux communes, qui apprécient de plus en plus les avantages de l'amortissement. Il en est de même, du reste, pour les particuliers ; car, dans l'intérieur surtout, ils trouveraient encore difficilement des prêteurs consentant un taux moindre que celui de 10 °/₀, sans amortissement, à des échéances de courte durée et sans facilité de rembourser par anticipation. Toutefois, il est permis d'espérer que, dans un délai assez rapproché, cette grande Société de crédit se rendra aux vœux qui lui ont été exprimés, et réduira le taux de l'intérêt annuel ; la sûreté du gage et l'empressement des prêteurs à remplir leurs engagements doivent fatalement produire ce résultat.

Quelque importants qu'ils soient, les trois établissements de crédit que nous venons d'étudier répondent-ils à tous les besoins d'expansion de l'Algérie? Nous ne le pensons pas; et la meilleure preuve que l'on puisse fournir de cette opinion est la réussite du *Comptoir d'escompte* de St-Denis-du-Sig (dépt. d'Oran), fondé en 1873 par l'initiative des propriétaires et des agriculteurs de cette contrée, dans le but de donner une plus vive impulsion à l'industrie et à l'agriculture locales ; les administrateurs pris, parmi les actionnaires, ont réalisé, en 1874, des bénéfices assez importants pour permettre la distribution d'un dividende de 16 $\,^\circ/_\circ$. Aussi, la création de Comptoirs, établis sur les mêmes bases, est-elle à l'étude dans les contrées agricoles réunissant les mêmes conditions que St-Denis-du-Sig, c'est-à-dire là où les capitaux se trouvent entre les mains d'agriculteurs et d'industriels directement intéressés à augmenter la production du petit cultivateur, dans un rayon suffisant pour assurer la prospérité de l'entreprise, et pourtant assez restreint pour donner toute sécurité au prêteur.

CHAPITRE XIII

COLONISATION.

REPRISE DE L'ŒUVRE DE PEUPLEMENT. — APPEL
A L'IMMIGRATION. — CRÉDITS VOTÉS PAR L'AS-
SEMBLÉE. — NOUVEAUX CENTRES. — BUT POUR-
SUIVI. — OBLIGATIONS DE L'ADMINISTRATION.
— MÉTHODE DE COLONISATION. — DROITS ET
OBLIGATIONS DES COLONS. — PROGRAMME AN-
NUEL. — CHOIX DES EMPLACEMENTS. — EXA-
MEN DES DEMANDES. — TRAVAUX DE PREMIÈRE
URGENCE. — AVANTAGES OFFERTS AUX IMMI-
GRANTS.

L'œuvre du peuplement de l'Algérie par
l'immigration française était depuis longtemps abandonnée, lorsqu'en 1869 M. le
maréchal de Mac-Mahon, alors Gouverneur
général, en prépara la reprise par la mise
à l'étude de plusieurs nouveaux centres,
qu'il se proposait de créer et de peupler en
faisant appel à l'élément algérien et à l'émigration européenne. Les évènements de
1870-71 empêchèrent la réalisation de ces
projets : mais, aussitôt le traité de paix entre l'Allemagne et la France signé, M.
Keller formulait à la tribune de l'Assemblée nationale une proposition tendant à
accueillir en Algérie, à titre de colons, les
Alsaciens et les Lorrains des provinces
annexées, qui refuseraient de vivre sous la
domination de la Prusse. Cette motion était
accueillie avec un patriotique enthousiasme :
et, le 21 juin, l'Assemblée votait une loi
aux termes de laquelle une concession de

cent mille hectares des meilleures terres dont l'Etat disposait en Algérie, serait attribuée, à titre gratuit, aux habitants de l'Alsace et de la Lorraine qui voudraient conserver la nationalité française, et qui prendraient l'engagement de se rendre en Algérie pour y exploiter les terres ainsi concédées. Une deuxième loi, en date du 15 septembre suivant, régla les conditions suivant lesquelles l'immigration alsacienne-lorraine devrait s'opérer, et, le lendemain, une loi de finances ouvrait au gouvernement général un premier crédit de 400,000 francs destiné à faire face aux premières dépenses de déplacement et d'installation.

Le 16 octobre suivant, un décret, divisé en deux titres, réglementait les droits et les obligations des immigrants alsaciens, et déterminait les conditions à remplir par tout Français d'origine européenne, autres que ceux désignés dans le Titre 1er, qui voudrait profiter de la faculté accordée au gouvernement général de leur consentir des attributions territoriales. La levée de boucliers des indigènes venait de démontrer la nécessité de mettre à jamais fin à toute velléité insurrectionnelle de leur part, en augmentant la densité de la population européenne et en reliant entre eux les anciens centres par une ceinture de nouveaux villages.

C'est donc sous l'empire du décret du 16 octobre 1871 que le peuplement s'est effectué jusqu'au 15 juillet 1874, date à laquelle les modifications commandées par l'expérience ont été introduites dans le Titre II. L'Assemblée nationale s'est associée généreusement au développement de la population française en Algérie, par l'octroi de crédits en rapport avec les exigences. Défricher des terres fécondes et les rendre productives par des procédés de culture européens, c'est, avait dit M. Peltereau-Villeneuve*, développer les richesses de nos possessions ; augmenter le nombre de la population, et la disséminer par groupes sur un territoire étendu ; c'est porter la civilisation européenne partout où nous pourrons fonder des centres de colonisation ; c'est aussi un moyen des plus sûrs d'affermir notre autorité.

En 1871, les crédits ouverts au chapitre de la colonisation se sont élevés à 1,000,000 fr., y compris les 400,000 fr. votés en septembre ; en 1872, à 1,800,000 fr. ; à 2,000,000 fr. en 1873 ; à 1,200,000 fr. en 1874 ; à 2,000,000 fr. en 1875 ; et enfin pour 1876 à 2,500,000 fr., sur la justification faite par M. Lucet, député du département de Constantine, succédant à M. Peltereau-Villeneuve comme rapporteur de la sous-commission du budget, de l'emploi utile des allocations précédentes.

De 1871 à 1874 le gouvernement général avait en effet réalisé la création ou l'agrandissement de 98 centres ainsi répartis :

---

* Rapport fait au nom de la Commission des budgets sur le budget des dépenses de l'exercice 1875.

Province d'Alger, 32 centres comprenant 1,419 feux et 51,237 hectares ;

Province d'Oran, 31 centres comprenant 809 feux et 33,138 hectares ;

Province de Constantine, 35. centres comprenant 1.718 feux et 73,828 hectares : non compris les terres alloties et divisées en fermes isolées.

A ce nombre, déjà assez éloquent, de centres nouveaux, il convient d'ajouter : 1° ceux créés et peuplés en 1875, savoir : 20 nouveaux villages et 5 autres agrandis, comprenant ensemble 896 feux de 20 à 25 hectares l'un, en moyenne, et 200 lots de fermes isolées de 50 hectares l'un, en moyenne : soit l'installation de 1,096 nouveaux concessionnaires ; 2° les créations indiquées au programme de 1876, comportant 21 centres (763 lots de village, 111 de fermes isolées), et offrant la possibilité de donner de la terre à 879 familles dont près de 600 venant de France.

La quantité de terres que le gouvernement général de l'Algérie a pu mettre, depuis 1871, à la disposition de la colonisation, établit surabondamment que M. le général Chanzy énonçait un fait rigoureusement exact lorsqu'il déclarait en 1872, au Conseil supérieur, que la terre ne faisait point défaut. Là même où le domaine possédait le moins de réserves, dans la province d'Oran, les transactions et les échanges ont permis de fonder de nombreux villages en territoire civil, comme en territoire militaire. Dans les deux autres provinces, les biens sequestrés sur les tribus rebelles de 1871 constituent, pour longtemps encore, des ressources considérables.

Toutefois, il y a lieu de faire remarquer que les terres qui les composent ne sauraient être rendues disponibles qu'au fur et à mesure des besoins de la colonisation, et que l'œuvre du peuplement, dans les conditions où il s'exécute, est une œuvre de longue haleine, qui demande à ne pas être interrompue, mais qui ne saurait être précipitée, le but poursuivi étant de doter l'Algérie de colons sérieux et définitifs, et d'assurer leur réussite au prix de tous les sacrifices que nécessite leur installation dans des conditions sérieuses de prospérité.

Souvent, comparant ensemble des pays qui, sous aucun rapport, ne sauraient être assimilés, ne tenant aucun compte des 2,500,000 indigènes répartis sur le sol de l'Algérie, élément qu'il faudrait cependant inventer et créer s'il n'existait pas, on a reproché à la France de ne pas suivre, en matière de colonisation, les errements adoptés par les États-Unis, c'est-à-dire de ne pas favoriser l'établissement des immigrants, sans tenir compte de leur nationalité d'origine, sur tous les points où des terres vacantes leur permettraient de s'établir. On en a conclu que l'intervention de l'Administration et la tutelle qu'elle impose aux colons étaient la cause du peu de succès relatif qu'obtenaient ses efforts.

Outre que les résultats enregistrés depuis 1871 prouvent que les émigrants français ont répondu, dans la mesure des facilités qui leur étaient offertes, aux avances de l'Etat, il faut ne pas connaître l'Algérie pour préconiser un système auquel peuvent se prêter des contrées composées de vastes espaces inoccupés, sans propriétaires ni possesseurs réels, mais impraticable dans un pays où les territoires, susceptibles d'être affectés à la colonisation, sont pour ainsi dire noyés au milieu des propriétés appartenant aux indigènes. Dans cette situation spéciale, le respect des droits, des tiers et la sécurité due aux émigrants imposaient au gouvernement l'obligation étroite de diriger lui-même le peuplement et de ne rien livrer à l'imprévu.

Depuis les premiers essais de colonisation règlementés par le général Bugeaud en 1841, bien des systèmes avaient été essayés. En acceptant, en 1872, le poste de Gouverneur général civil de l'Algérie, le général Chanzy n'a pas voulu en inaugurer un nouveau. Abordant les difficultés en présence desquelles il se trouvait, avec la volonté de les vaincre, il s'est borné à mettre en pratique une méthode empruntée à tout ce qui lui a semblé répondre dans les systèmes antérieurs au but qu'il se proposait de poursuivre.

Cette méthode peut d'ailleurs se résumer en peu de lignes ; elle consiste, en ce qui regarde les futurs immigrants, à simplifier les démarches auxquelles ils étaient tenus sous l'empire des anciens règlements administratifs, et à leur éviter les pertes de temps et les dépenses inutiles ; en ce qui concerne l'Administration, à faire connaître un an d'avance le programme des terres qui seront livrées à la colonisation dans l'exercice suivant, et à subordonner ce programme à l'importance des crédits disponibles, de façon que la prospérité des nouveaux villages puisse être assurée, tant en raison du choix judicieux de leurs emplacements, que par l'exécution, préalable à l'installation des immigrants, des travaux indispensables, tels qu'allotissement, assainissement des parties marécageuses, aménagement des eaux, construction des voies de communication et des établissements publics de première nécessité.

Dans la pratique, les choses se passent donc de la façon suivante :

Aux termes du décret du 15 juillet 1874, le Gouverneur général est autorisé à consentir, sous promesse de propriété définitive, des locations de terres domaniales, d'une durée de cinq années, en faveur de tous Français d'origine européenne ou naturalisé justifiant de la possession de ressources suffisantes pour vivre pendant une année.

L'étendue d'une concession ne peut être moindre de 20 hectares ni excéder 50 hectares, si l'attribution est comprise dans le territoire d'un centre de population ; elle peut atteindre 100 hectares s'il s'agit de lots de fermes isolés. Les seules obligations imposées aux attributaires sont de résider personnellement sur la terre louée pendant toute la durée du bail, et de ne point vendre, pendant une nouvelle période de 5 années, à des indigènes non naturalisés. Afin de mettre les ayant-droit à même de choisir en toute connaissance de cause la région dans laquelle ils préfèrent coloniser, le gouvernement général arrête, chaque année au mois de septembre, un programme dit de colonisation, faisant connaître les centres à créer et les lots de fermes à concéder pendant l'exercice suivant ; il contient des renseignements sommaires sur la qualité des terres, le climat, les ressources en eau et en bois ; la nature des cultures les plus appropriées au sol, les industries possibles dans le pays, les établissements publics déjà créés, la nature des communications, l'origine de la population immigrante déjà installée dans la localité, etc., etc.

L'emplacement de chaque centre a dû, au préalable, être étudié par le préfet ou le général administrant le territoire dans lequel il est situé, sous le rapport de la sécurité, de la salubrité, des ressources qu'il offre en terres et en eau, des dépenses que nécessitera l'installation définitive. C'est au vu des rapports des administrateurs, rapports qui doivent être datés du lieu même proposé, de l'avis du Conseil général consulté et de celui d'une Commission dite des Centres, que le Gouverneur général décide les créations nouvelles.

Ces décisions sont portées à la connaissance des intéressés par la publicité donnée, dès le mois d'octobre, au programme de colonisation, dont toutes les préfectures de France reçoivent des exemplaires et que les bureaux de renseignements tiennent à la disposition de quiconque en fait la demande. Une fois son choix arrêté, l'aspirant immigrant n'a qu'à formuler sa demande et à l'adresser, par voie administrative, au préfet du département ou au commandant militaire, suivant le territoire, de la province dans laquelle se trouve le centre dont il sollicite un lot. Aux termes d'instructions précises, ces demandes sont examinées sans retard, et les solliciteurs avisés à bref délai de la suite qui leur est donnée. Admis, ils reçoivent un acte provisoire de location qui leur donne droit au passage gratuit de Marseille en Algérie et aux avantages accordés par les Compagnies des chemins de fer aux familles d'agriculteurs de la métropole qui se rendent comme colons en Algérie. Ces avantages consistent dans le transport des personnes à moitié prix du tarif général, chaque immigrant ayant droit, en outre, au transport gratuit de 100 kil. de bagage. En même temps ils sont avisés de l'époque à laquelle aura lieu leur installation. La date en est généralement fixée au 1er septembre, parce que l'époque où finit la saison des grandes chaleurs est la plus propice, au point de vue de l'hygiène, pour l'acclimatation des Européens. Elle est aussi celle où commencent les travaux agricoles pour la saison suivante.

L'année qui s'écoule entre l'époque à laquelle est adopté le programme de colonisation et le mois de septembre suivant,

est employée par l'Administration à tout
prépare pour l'arrivée des immigrants, afin
que, dès leur débarquement, ils trouvent,
comme nous l'avons dit, leurs terres alloties, pourvues d'eau et de voies de communications avec les centres les plus voisins,
les rues intérieures des villages empierrées
et plantées d'arbres, et un, au moins, des
édifices publics, bâti. Dans la plupart des
cas, la préférence est donnée à l'école qui sert
provisoirement au culte. L'immigrant, dé-
livré du souci de ses jeunes enfants, peut
ainsi se livrer immédiatement à la construction de son abri provisoire et aux travaux
agricoles qui le réclament. Sur les points
les plus avancés, les premières dispositions
propres à assurer la sécurité ont aussi été
prises. Outre les plantations dans les rues
et sur les places, des massifs boisés ont été
créés par les soins des Ponts-et-chaussées
ou du génie * aux alentours des villages
installés loin des forêts ou dans des régions
humides. Les essences principalement
choisies sont : l'eucalyptus, l'accacia, le
platane, le pin. Ces massifs, tout en contribuant à l'assainissement du pays, sont
appelés à constituer, dans un avenir peu
éloigné, grâce à leur développement rapide,

---

* De 1867 à 1874 le service du génie a planté
à lui seul, dans les trois provinces, 201,608 arbres couvrant une superficie de 232 hectares ;
ces plantations qui n'ont entraîné qu'une dépense de 217,998 fr. comportent 102,060 arbres
australiens. Les plants sont fournis par le service forestier.

de précieuses ressources pour les communes.

Une des préoccupations du gouvernement général est, du reste, d'assurer la vie communale de chaque centre par des dotations suffisantes ; elles consistent, dans l'enceinte des villages, dans la réserve de tous les terrains à affecter ultérieurement, au fur et à mesure de leur besoins, aux bâtiments publics ; à l'extérieur, dans des communaux composés de terres de parcours et de pacage, et, toutes les fois que leur situation le permet, d'une portion de bois ou de forêt détachée des forêts domaniales.

L'Algérie offre donc à l'immigrant français des conditions meilleures que celles qui lui sont faites par toutes les autres nations, et qui se résument de la façon suivante :

Dès le jour où la demande a été accueillie, certitude d'être, dans un délai de cinq ans, à la seule condition d'y résider, propriétaire incommutable de terres d'excellente qualité d'une étendue suffisante pour suffire amplement à tous les besoins de l'attributaire et de sa famille ; et ces terres sont situées à quelques heures de la mère-patrie, dans une région salubre et déjà peuplée, où il demeure Français, où il exerce tous les droits de citoyen, où l'administration et la législation ne diffèrent de celles de la métropole que par des adoucissements, où la vie est moins difficile. De plus, il y est transporté à peu près gratuitement, et toutes les mesures ont été prises en vue de sa protection, du bien-être général du village et de la satisfaction des besoins religieux et moraux de ses habitants. Ajoutons encore, qu'en exécution d'une décision récente, tout immigrant, que des intérêts qu'il n'a pu liquider en France avant son départ y rappellent, a droit, pendant un délai de six mois, à son passage gratuit aller et retour. Enfin, la création à Alger d'un bureau central de renseignements généraux et de statistique, institution sur laquelle nous aurons à revenir, et de bureaux secondaires de renseignements dans les principaux ports de l'Algérie, lui permet d'obtenir, sans frais, toutes les indications supplémentaires qui lui paraissent nécessaires pour conduire à bien son entreprise, de même que les informations fournies par le programme de colonisation lui ont donné le moyen de choisir la région la plus propice au genre de cultures qu'il se propose de faire.

Avant de critiquer la méthode adoptée par le gouvernement général, que l'on mette en regard, d'un côté, les garanties de toute nature et les chances favorables offertes à l'immigrant, sans parler de la facilité des relations avec la mère-patrie, et par conséquent, du retour en cas d'échec, de l'autre, les risques qui sont le partage des émigrants que raccolent pour le compte des États-Unis ou des colonies anglaises, des agences recevant une prime fixe à raison de chaque tête embarquée.

Il est vrai que, par suite de l'éloignement de ces contrées, le rapatriement n'est pas possible pour ceux qui échouent, et c'est peut-être là l'unique cause de leur réputation ; les plaintes et les doléances des victimes sont étouffées ; elles ne parviennent pas jusqu'aux oreilles de ceux à qui elles pourraient servir d'enseignement.

***

CHAPITRE XIV.

COLONISATION (Suite).

RESSOURCES A JUSTIFIER. — PARTICIPATION DES SOCIÉTÉS A L'ŒUVRE DU PEUPLEMENT. — COMITÉ D'HAUSSONVILLE. — PROJET DE VILLAGE DÉPARTEMENTAL. — OBLIGATION DE LA RÉSIDENCE JUGÉE PAR LES AMÉRICAINS.

Bien que toutes les dispositions propres à assurer le développement et la prospérité des centres nouveaux soient prises par l'Administration, la réussite de l'immigrant dépend cependant de son esprit d'initiative, de ses efforts privés et des ressources dont il dispose au début de son entreprise, ressources qu'il faut évaluer en moyenne à cinq ou six mille francs pour un lot de village, et à cent cinquante francs par hectare, au minimum, pour une concession de lot de ferme isolée.

Le colon doit, en effet, subvenir aux dépenses occasionnées par son installation provisoire, par la construction de son habitation définitive, par l'acquisition de son premier matériel agricole, de ses semences ;

par la nourriture et l'entretien de sa famille
jusqu'à la récolte suivante, et par le paie-
ment de la main-d'œuvre auxiliaire, si les
siens ne peuvent fournir le nombre de bras
nécessaires à la mise en culture de son lot.
Aussi, les instructions données aux préfets
et aux généraux leur enjoignent-elles de
n'accepter comme attributaires que des
cultivateurs justifiant de la possession du
capital jugé indispensable pour faire face
aux dépenses ci-dessus indiquées. En Algérie, comme dans toutes les autres Colonies, la colonisation demande à être ali-
mentée par des familles possédant un premier noyau, susceptible de les mettre à
l'abri des déboires, qui sont, *fatalement* et
partout, l'apanage des immigrants ayant
leurs bras pour capital unique. Et c'est
certainement dans l'oubli qui a été fait
parfois de ces sages prescriptions, qu'il faut
rechercher l'origine des récriminations di-
rigées à l'heure actuelle contre les dispositions du décret du 14 juillet 1873, qui
mettent l'attributeur dans l'impossibilité
de contracter un emprunt, reposant sur la
terre concédée, avant l'expiration d'un délai
de deux années. Le gouvernement se
préoccupe toutefois de réduire ce délai de
moitié par un nouveau décret « afin de
donner aux attributaires, dans les limites
d'une sage prudence, les facilités de crédit
toujours nécessaires au début d'une entreprise agricole. »

Bien qu'obligé de se réserver, en raison

des motifs exposés dans le chapitre précédent, l'initiative en matière de création de villages et de choix des emplacements, le gouvernement général s'est bien gardé de vouloir absorber l'œuvre immense du peuplement ; il a profité, au contraire, de toutes les circonstances pour rappeler qu'aux termes du décret du 15 juillet 1874, « les Sociétés qui s'engageraient à construire et à peupler, dans un but d'industrie ou de colonisation, un ou plusieurs villages, peuvent recevoir des concessions de terres aux conditions ordinaires, à charge par elles d'en consentir la rétrocession au profit de familles d'ouvriers ou de cultivateurs d'origine française. » En conséquence, les préfets et les généraux ont reçu l'invitation d'instruire ces demandes à bref délai ; et, toutes les fois que les demandeurs présenteront les garanties voulues, leurs propositions seront accueillies, comme l'ont été les demandes formulées par le Comité de protection des Alsaciens-Lorrains demeurés Français, placé sous le haut patronage de M. le comte d'Haussonville, et celle, plus récente, émanant d'une Société à la tête de laquelle se trouvent plusieurs conseillers généraux du département d'Alger.

Par les soins du Comité d'Haussonville, deux centres, en pleine voie de prospérité, ont été déjà créés dans le département d'Alger, *Azim-Zamoun* * et *Bou Khalfa,* sur des points préalablement choisis, allo-

---

(*) Aujourd'hui Haussonvilliers.

tis et dotés, par l'Administration, des travaux et des bâtiments publics nécessaires. Un troisième village sera également peuplé au cours de l'exercice 1876 sur l'emplacement dit du *Camp du Maréchal*, à peu de distance des deux premiers. L'assainissement de ce territoire fertile, entrepris par l'Administration, est aujourd'hui parfait, à la suite des travaux de plantation et de canalisation des eaux exécutés par les Ponts-et-chaussées. Nul doute que la réussite de ce centre ne soit aussi complète que celle de ses deux voisins ; un nouveau succès couronnera les efforts de cette Société à laquelle le général Chanzy a rendu un hommage mérité en exprimant publiquement dans son *Exposé sur la situation générale* « la reconnaissance que l'Algérie lui devait pour les créations déjà faites, et le zèle et l'abnégation dont elle faisait preuve en dotant ce pays de concitoyens qui, restés Français par le cœur, n'ont pas hésité à abandonner leurs foyers pour retrouver la patrie en acceptant l'hospitalité sympathique et dévouée que leur offre l'Algérie. »

De tels encouragements nous semblent d'autant plus faits pour solliciter la formation de nouvelles Sociétés, que le doute n'est plus permis sur le résultat final de semblables entreprises. Le département d'Oran a témoigné de sa parfaite confiance dans la réussite des villages fondés dans des conditions identiques à celles où se trouvent la Société d'Haussonville et la Société d'Alger, en votant sur la proposition de son préfet, M. Nouvion, un crédit de 75,000 francs sur le budget de 1876, destiné à être affecté à la création d'un centre, dont le département entreprendrait le peuplement.

Dans les villages créés par les Sociétés privées ou départementales, les immigrants trouveront en arrivant, ainsi que cela a eu lieu à Azib-Zamoun, à Bou-Khalfa et dans les centres peuplés d'Alsaciens et Lorrains par la commission Wolowski, leurs maisons bâties. Ils pourront en outre recevoir, à titre d'avances remboursables, des instruments et animaux de labour, des prêts de semence, et jouir enfin d'avantages que l'Etat ne peut leur procurer. Bien des difficultés inhérentes au début seront épargnées à ces immigrants par ce système, que, dès 1847, préconisait le maréchal Bugeaud, si expert en matière de colonisation. Le gouvernement, dont l'objectif est de peupler l'Algérie de bons éléments agricoles, a donc tout intérêt à faciliter de semblables tentatives. Toutefois, l'œuvre du peuplement risquerait fort de ne pas marcher avec toute la rapidité voulue, s'il fallait s'en rappporter exclusivement à l'initiative des Sociétés, et nous croyons avoir démontré, que les facilités offertes aux immigrants sérieux, et les mesures prises en vue de leur installation, offraient aux cultivateurs, dotés des ressources nécessaires, des avantages suffisants pour les décider à donner la préférence à l'Algérie sur tous les autres pays d'immigration. L'examen des facultés productives de son territoire, auquel nous allons nous livrer, viendra à l'appui de cette démonstration, il ne nous resterait donc plus, pour avoir raison des griefs dirigés contre la méthode adoptée par l'Administration, qu'à établir, si cette preuve ne ressortait pas des faits eux-mêmes, le peu de portée de l'allégation qui consiste à prétendre que l'ingérence administrative paralyse l'initiative individuelle.

Quelle prescription de cette nature pourrait-on en effet citer comme présentant un obstacle quelconque à l'indépendance et à l'énergie des attributaires de terres ? A coup sûr, ce n'est pas l'obligation de la résidence empruntée au système de colonisation si souvent vanté des Etats-Unis, car elle n'est que la reproduction des dispositions qui servent de base aux mesures législatives (*le Homestead),* à l'aide desquelles a été entrepris le peuplement des vastes contrées qui composent le territoire de la grande République.

Voici, en effet, comment s'exprime, au sujet de cette obligation, le Commissaire du bureau général des terres publiques dans son rapport pour l'année 1867 : *

Après avoir rappelé « que tout homme peut devenir par le travail de quelques années et pour un prix nominal, propriétaire

---

* Rapport du Commissaire général des terres publiques, abrégé et publié par ordre du Sénat des Etats-Unis. Washington, imprimerie du gouvernement (1869), texte français.

de 160 acres de terre * dont il peut faire
par son industrie une habitation agréable,
et qui suffisent pour lui fournir, non-seulement les nécessités de la vie, mais encore
une bonne aisance », l'honorable Jos. S.
Wilson, commissaire général des terres,
ajoute :

« En retour des concessions libérales qu'elles font aux colons, les lois (*le Homestead*)
requièrent de ceux-ci *non-seulement qu'ils
construisent une maison sur leurs terrains, mais encore qu'ils en fassent leur
domicile et qu'ils exploitent et cultivent
les terres.* C'est à la vérité exiger très peu
en retour d'une si grande libéralité, mais
au moins les statuts insistent sur ce que
toutes les conditions du travail honnête
soient strictement exécutées : *Dans les cas
où le colon manque à ses engagements,
le gouvernement reprend le terrain et
l'offre à d'autres qui se déclarent prêts
à remplir toutes les conditions requi-
ses.* »

Et, c'est après avoir constaté, par une expérience de sept années consécutives, que
la loi du *Homestead,* votée le 20 mai 1862,
avait accru le peuplement dans des proportions sans précédent, que ces lignes ont été
écrites par un homme éminemment compé-
tent et parfaitement placé pour apprécier
les résultats obtenus par la *rigoureuse*

---

* L'acre anglais équivaut à 40 ares 46 cen-
tiares.

application * de l'obligation de la résidence individuelle.

CHAPITRE XV.

SÉCURITÉ. — MOYENS EMPLOYÉS POUR L'ASSURER.
— RÉSULTATS OBTENUS. — VOLS DE BESTIAUX.
— LEURS CAUSES. — ANIMAUX DANGEREUX. —
POLICE DES VILLES. — EXPULSION DES ÉTRAN-
GERS PORTEURS D'ARMES PROHIBÉES.

Prenant la parole devant le Conseil supérieur, le 3 décembre 1873, le général
Chanzy, après avoir rappelé les paroles
suivantes du Maréchal de Mac-Mahon : « Il
faut à ceux qui viennent en Algérie deux
choses : de la terre et de la liberté, » ajou-
tait : « et de la sécurité. »

Le premier devoir qui s'imposait alors à
l'autorité était, en effet, de rétablir dans les

---

* L'exemple suivant, que nous empruntons
au même ouvrage, établit avec quelle rigueur
est exigée l'exécution des conditions imposées
au concessionnaire. Un soldat libéré, ayant
reçu à titre de HOMESTEAD une concession au
mois de mai 1866, y avait bâti une cabane et avait
commencé l'exploitation de ses terrains ; il y
résidait avec des intervalles d'absence assez
fréquents, mais de courte durée. Il fut assigné
en résiliation du titre devant le bureau du
Commissaire, qui décida que le caractère de
l'exploitation qu'il avait faite et la nature de
sa résidence n'étaient pas tels que la loi l'exi-
geait, qu'il eût dû construire une maison qui

tribus l'ordre, encore troublé par l'insurrection de 1871 et les mesures de répression
qui en avaient été la conséquence. Cette
tâche présentait d'ailleurs des difficultés
réelles, augmentées par les aspirations des
impatients, qui demandaient que le régime
civil fût appliqué à toute l'Algérie, de
Tunis au Maroc, de la mer aux limites du
Tell, sans tenir compte de la situation des
esprits dans certaines contrées, et sans se
préoccuper de savoir si l'Administration
civile était en mesure d'étendre son action
sur un aussi vaste territoire. Mais le gouverneur général ne se paya pas de mots;
il fit cesser la division fictive du Tell en
circonscriptions territoriales, dans chacune desquelles les populations, suivant
leur origine et suivant leurs conditions,
relevaient pour l'administration, de l'action
civile ou de celle du commandement, et,
pour la justice, des tribunaux ordinaires ou
des conseils de guerre; il mit, du même
coup, fin à l'indécision et à l'impuissance

---

pût lui servir de demeure permanente, ce que
le statut entendait, et non pas seulement un
domicile temporaire dans le but de prouver
son intention de remplir les conditions requi-
ses par la loi. En conséquence, le bureau ac-
corda à l'assigné un délai de soixante jours
pendant lequel il devait construire une maison,
s'y établir, et, à l'expiration de ce délai, compa-
raître devant le « Register » (teneur de registres)
et le « Receiver » (receveur de paiements) afin
d'y déclarer sous serment, accompagné de preu-
ves corroborantes, qu'il avait rempli ces conditions, et que, faute de ce faire, il serait dé-
chu de son titre.

d'une organisation aussi enchevêtrée, par la remise successive à l'autorité civile des territoires qui, eu égard à leur situation et en tenant compte des moyens réels de fonctionnement, devaient et pouvaient recevoir nos institutions civiles et judiciaires ; il maintint transitoirement sous le régime du commandement ceux occupés par des populations indigènes qui, éloignées du contact des Européens, soumises encore aux ardeurs et excitations des fanatiques ou des gens de désordre, avaient besoin d'être dominées et de sentir la force pour rester calmes.

Ainsi, du reste, avaient agi les Romains qui, pour assurer la sécurité du pays, le fait est attesté par une inscription de la fin du premier siècle de notre ère gravée sur un dé de piédestal de Guelma*, mettaient aussi les tribus éloignées de toute population civile, sous la main des généraux.

La tâche qui incombait à l'Administration civile d'implanter le régime du droit commun sur une superficie qui, du 31 décembre 1870 au 31 décembre 1875 a été portée de 1,353,413 à 4,159,955 hectares demandait à être proportionnée aux forces et aux ressources dont elle pouvait disposer ; le gouvernement ayant d'ailleurs refusé, comme

---

* Cette inscription porte que Titus Flavius, de la tribu Quirina, décemvir flamine perpétuel, chargé par Trajan d'acheter du blé pour l'approvisionnement de Rome, était préfet des Musulans. Ces Musulans habitaient au Sud, au-delà de Sétif, et près du désert.

absolument contraire au progrès cherché, d'armer les nouveaux fonctionnaires civils des pouvoirs exceptionnels maintenus en territoire de commandement.

L'expérience a du reste prouvé qu'appliqués avec énergie, les moyens de surveillance et de répression dont disposent, en territoire civil, les fonctionnaires de l'ordre administratif et judiciaire, sont suffisants pour assurer la sécurité ; et, lorsqu'on songe à l'étendue du territoire algérien, le chiffre total des crimes ou délits commis contre les propriétés européennes, que révèlent les statistiques judiciaires, n'a rien d'anormal.

Dans les départements d'Oran et de Constantine, deux bandes organisées de coupeurs de route ont, il est vrai, jeté un instant l'inquiétude en territoire civil, dans les environs de St-Denis-du-Sig et de Jemmapes ; mais, grâce au concours dévoué que l'Administration a trouvé dans ses agents indigènes et à l'aide de l'armée, les bandits redoutés qui composaient ces bandes, ont été saisis et livrés aux tribunaux ordinaires qui statueront sur leur sort.

Les mesures employées par l'Administration supérieure, pour assurer la sécurité en territoire de droit commun, sont de deux sortes : préventives et répressives. Dans les premières, il faut classer : 1° la multiplication des brigades de gendarmerie et la création successive de casernes, au fur et à mesure des ressources que les départements affectent à cet usage, sur les points où la présence d'une force permanente est jugée indispensable ; 2° l'assistance que l'armée prête à l'autorité civile pour assurer l'ordre partout où les agents de la force publique ordinaire sont insuffisants. Aux termes de l'article 14 du décret du 14 septembre 1873, un officier investi des fonctions de police judiciaire, commandant une force publique supplétive tirée des corps de troupe et ayant avec les autorités civiles et judiciaires les rapports déterminés par les règlements sur le service de la gendarmerie, peut, sur la demande des préfets, être mis à leur disposition par les généraux commandant les divisions. Quant aux mesures répressives, elles consistent dans l'action des tribunaux de droit commun. Leurs pouvoirs étendus par les décrets du 29 août et du 14 septembre 1873, permettent d'atteindre légalement les indigènes auteurs d'actes constituant des infractions spéciales à l'indigénat, que nos lois ne prévoient pas, et de les frapper rapidement de peines en rapport avec la gravité desdites infractions.

En ce qui touche les dangers résultant pour les habitants, fixés dans l'intérieur, d'un mouvement insurrectionnel des indigènes, il a été paré à cette éventualité par la construction de travaux défensifs. Les abris dont ont été dotés, depuis 1872, tous les villages éloignés, sont en effet disposés de manière à offrir à leurs habitants et à ceux des fermes isolées des environs, un refuge sûr pour leurs personnes, leurs bestiaux, et leurs objets les plus précieux, jusqu'à l'arrivée de secours, que l'état actuel des routes permettrait de diriger avec rapidité sur les points menacés. Le plan général de colonisation poursuivi consiste d'ailleurs à relier, successivement entre eux, les centres et les fermes isolées, de telle sorte qu'à un moment donné, la colonisation européenne puisse former comme un rempart infranchissable à l'insurrection. Mais, à vrai dire, l'éventualité d'une nouvelle levée de boucliers paraît de plus en plus improbable, les indigènes semblant enfin comprendre que leur intérêt véritable est, non de nous combattre, mais de se mêler à nous.

Un article publié le 28 janvier dernier dans le *Courrier d'Oran*, sous le titre de *La sécurité en Afrique sous la domination des Romains et la domination française*, et portant la signature de M. *Ferdinand de Lacombe*, apprécie de la façon suivante les résultats acquis:

« Aujourd'hui, après quarante-cinq an-
». nées d'occupation française, une famille
» peut voyager avec autant de sécurité
» d'Alger jusqu'au désert que dans la ban-
» lieue de Paris ; nos diligences et nos
» courriers fournissent sans inquiétude un
» parcours régulier de cinq cents kilomètres
» du littoral à Laghouat, à Géryville, aux
» oasis de Biskra et jusqu'à Tuggurt. Des
» officiers isolés vivent aux milieu des
» tribus ; il en est de même des artistes, des
» géomètres, des négociants qui achètent

» sur place les grains et les laines du
» Sahara.

« Nous avons su assurer la sécurité en
» Algérie avec rapidité et intelligence, et,
» sous ce rapport, nous avons fait mieux
» en quelques années que les Romains
» dans un espace de temps plusieurs fois
» séculaire. »

Et, tandis que le succès couronnait les
efforts de l'Administration française, rien
n'était modifié dans les autres Etats musulmans nos voisins. Revenant naguère d'accomplir un nouveau pèlerinage à la Mecque,
le regretté Si Mohamed el Aïd ben Hadj
Ali, grand-maître vénéré de l'ordre des
Tidjani, décédé dans les derniers mois de
1875 à sa zaouïa de Temacin, entre Tuggurt et Ouargla, dans le Sahara algérien,
rendait devant tous. les siens, accourus
pour saluer son retour, l'éclatant hommage
suivant à la sécurité dont jouissent à l'om-
bre du drapeau français des contrées qui,
en raison de leur éloignement, échappent
cependant en partie à l'action de notre autorité.

« Je viens, leur disait-il, de parcourir
» bien des pays où règne la loi de l'Islam,
» et moi, Musulman, je n'ai fermé l'œil
» avec tranquillité, je ne me suis senti en
» sûreté que le jour où j'ai eu mis le pied
» sur le territoire soumis à la France. »

Cependant, les colons propriétaires ou
fermiers habitant les petits centres de l'intérieur ou les fermes isolées, sont parfois

victimes de vols de bestiaux commis avec une rare adresse par des voleurs indigènes, qui revendent ou tentent de revendre le bétail ainsi dérobé sur des marchés éloignés. Ces faits ont même produit, au cours de l'année 1875, une certaine émotion ; les Conseils généraux et les Chambres d'agriculture ont, à plusieurs reprises, sollicité le gouvernement général d'adopter des mesures exceptionnelles en vue de remédier à cet état regrettable de choses. Mais, à la suite d'une enquête, dans laquelle les maires et le procureur général furent invités à faire connaître leur avis, il fut établi que ces vols étaient, en général, le fait de malfaiteurs isolés, n'ayant pour mobile que la cupidité, et que leur fréquence était due au défaut de surveillance des propriétaires, au peu de soins apportés par eux dans le recrutement de leurs bergers choisis parmi des indigènes qu'ils ne connaissent pas, et qui, souvent, sont les complices des voleurs et, enfin, à la mauvaise installation des parcs qui presque tous manquent de clôture suffisante.

En présence de ces constatations officielles, le gouvernement dut donc se borner à recommander aux propriétaires ruraux l'usage des mesures préventives dictées par leur intérêt, et, aux autorités municipales, l'emploi des moyens dont elles sont armées pour organiser des services de patrouille de sûreté et empêcher la circulation pendant la nuit des maraudeurs et vagabonds. Partout où ces

.conseils ont été suivis, l'effet en a été immédiat. Nous devons aussi ajouter, que quelques Européens doivent à leur manière d'agir envars les indigènes, d'être plus souvent que d'autres victimes de ce genre d'attentats. Par contre, nous pourrions en citer nominativement d'autres, qui, habitant en plein pays arabe depuis vingt ou trente ans, n'ont jamais eu une tête de bétail dérobée.

Comme on le verra plus loin, dans le chapitre consacré aux rapports entre Européens et Indigènes, ces derniers savent se montrer reconnaissants des services rendus et des bons traitements ; et une réputation bien établie de probité et de bienveillance a constitué souvent, dans une contrée où les indigènes sont en majorité, une protection efficace, même à l'encontre des vagabonds étrangers.

Somme toute, l'habitant de l'intérieur qui prend, pour se protéger contre les maraudeurs, les mêmes mesures de précaution qu'en France, ne court pas plus de risques ; et c'est là un résultat immense, si on veut bien tenir compte de ce fait, que les indigènes sont, plus souvent que les Européens eux-mêmes, victimes de vols de bestiaux commis par leurs coreligionnaires.

Un autre danger, grossi considérablement par la presse métropolitaine, est celui qui résulterait des attaques des grands fauves ; ils ont en effet aujourd'hui complètement disparu des territoires livrés à la colonisation, et il est très rare de voir un lion ou une panthère descendre des repaires éloignés, dans lesquels ils ont dû se retirer, fuyant devant la civilisation. Leur destruction est d'ailleurs puissamment encouragée par les primes accordées sur les fonds votés pour cet emploi par les Conseils généraux et par la valeur croissante, en raison de leur rareté, des dépouilles de ces animaux.

En ce qui concerne les grandes villes, le soin d'assurer la sécurité est confiée à une police nombreuse recrutée et régie d'après les usages métropolitains. A Alger, la police est placée sous la haute surveillance du préfet du département, et sous les ordres directs d'un commissaire central. La statistique révèle qu'en 1875, la police a opéré à Alger, 3,767 arrestations d'individus prévenus ou soupçonnés de crimes ou délits et relevé 4,845 contraventions, contre 2,764 arrestations en 1874, et 2,961 contraventions.

Les crimes et les délits sont pour les quatre cinquièmes environ, à la charge de la population flottante, étrangère ou indigène. L'Administration étudie les moyens de les prévenir par l'application, à l'encontre des récidivistes, de mesures propres à interdire l'accès du territoire à tous les hommes jugés dangereux. A Oran, dont la situation géographique offre tant de facilités aux Espagnols qui veulent quitter leur pays natal, l'expulsion est, aux termes de l'arrêté du gouvernement général en date du 7 juin 1852, rigoureusement prononcée contre les étrangers, appartenant à cette nationalité, trouvés porteurs d'armes prohibées. L'emploi de ce moyen légal produit les meilleurs effets.

CHAPITRE XVI.

AGRICULTURE ET INDUSTRIES AGRICOLES. — PUISSANCE PRODUCTIVE DU SOL ALGÉRIEN. — SUPERFICIES CULTIVÉES. — RICHESSE AGRICOLE. — CÉRÉALES. — PLANTES POTAGÈRES. — PRAIRIES, VIGNES ET ARBRES FRUITIERS. — PLANTES OLÉAGINEUSES ET TINCTORIALES.

Dans un avenir peu éloigné, le développement de la population européenne entraînera certainement en Algérie la création de grandes industries et de nombreuses manufactures ne se rattachant qu'indirectement à l'agriculture. Nous aurons même l'occasion d'examiner, dans un chapitre spécial, les tentatives faites en ce sens et les résultats déjà obtenus ; toutefois, quant à présent, les industries principales, celles qui sont la base de notre commerce d'exportation, sont à ce point liées aux travaux agricoles, qu'il est difficile de les en séparer. Cette considération nous décide à exposer, en regard de chacune des principales productions de notre sol, les applications industrielles dont elles sont susceptibles. Mais, avant de se livrer à cet examen, il

7

est indispensable de connaître la puissance productive du territoire algérien. Les dernières statistiques nous fournissent, à ce sujet, des renseignements précis et du plus haut intérêt. Elles nous enseignent, en effet, que la population agricole des trois départements, européens et indigènes, comportait en 1874, 2,266,139 âmes, se répartissant de la façon suivante : Européens, 117,775 têtes ; indigènes, 2,148,364.

Les Européens possèdent 825,000 hectares, dont 335,000 environ en plein rapport sont annuellement ensemencés. Abstraction faite de la valeur intrinsèque des terres, les constructions de tout genre édifiées sur les propriétés agricoles européennes représentent une somme de 125,323,000 fr., et le matériel agricole employé dans ces exploitations, bétail non compris, une valeur de 8,600,000 francs. Les indigènes possèdent une superficie dix fois plus considérable, soit 10,135,422 hectares ; mais, jusqu'à ce jour, leurs cultures annuelles ne s'étendent que sur environ 2,500,000 hectares, et les constructions édifiées n'atteignent qu'une valeur de 61,347,000 francs ; celle du matériel agricole ne dépasse pas 2,170,000 francs.

Ces chiffres permettent d'apprécier d'un coup d'œil, d'une part les progrès réalisés par l'élément européen ; de l'autre, ceux que l'on est en droit d'espérer des indigènes, au fur et à mesure qu'une connaissance plus complète de leurs véritables intérêts les amènera à substituer nos procédés agricoles à ceux dont une longue routine leur a transmis l'usage.

Si nous voulions maintenant entreprendre l'énumération de toutes les productions agricoles auxquelles se prête le sol algérien, il faudrait nous livrer à une nomenclature qui dépasserait de beaucoup les limites de cette Étude, car il est peu de cultures qui, essayées, n'aient donné de bons résultats ; forcé de nous borner, nous ne nous occuperons que de celles qui jouent actuellement un rôle important, ou dont le succès paraît d'ores et déjà assuré dans un avenir prochain.

Céréales. — La culture des céréales, dénomination sous laquelle nous comprenons les différentes espèces de blé, l'orge, l'avoine, le maïs et le bechna, a occupé en 1874 une superficie de 2,733,304 hectares, dont le rendement a été de 16,000,000 qm. La part des Européens dans ces chiffres a été, pour les superficies ensemencées, de 300,400 hectares, et pour les quantités récoltées de 2,700,000 quintaux. La récolte des blés proprement dits s'est décomposée de la façon suivante : Blé tendre, 1,215,694 qm. pour 172,201 hectares ensemencés ; blé dur, 5,611,894 qm. pour 1,119,852 hectares ensemencés ; seigle, 13,174 qm. pour 1,591 hectares ; le rendement moyen a été pour les Européens, de 8,80 ; pour les indigènes, de 5,41. En 1869, la surface totale ensemencée en céréales n'avait été que de 1,684,000 hectares. Au point de vue industriel, le blé occupe une place importante dans l'industrie algérienne, qui transforme en farines et en semoules les quantités nécessaires à la consommation du pays et alimente les fabriques de pâtes alimentaires locales, métropolitaines et étrangères, qui apprécient de plus en plus les qualités du blé dur d'Afrique, et lui donnent la préférence sur les produits similaires d'Odessa, de Tangarok et de Sicile.

Cette préférence s'explique par ce fait démontré par les analyses faites au laboratoire de chimie de la Sorbonne, que les blés durs d'Afrique, aussi riches en gluten sec que les blés d'Odessa, donnent un rendement en semoule supérieur de 2 kil. par 100 kilogrammes.

Voici les termes de l'analyse faite au laboratoire de la Sorbonne de la semoule préparée avec les blés durs d'Afrique :

```
Eau............................... 10,30
Matières azotées................. 13,91
Dextrine et matières sucrées...... 3,45
Matières grasses................. 0,35
Amidon........................... 70,97
Matières minérales : silice, phos-
   phate, sels alcalins........... 1,02
                                  ——————
                                  100,00
```

Aussi, après avoir brillés d'un grand éclat aux Expositions de Londres et de Paris, les blés d'Afrique, les semoules et les pâtes alimentaires fabriquées avec lesdites semoules ont éclipsé à l'Exposition de Vienne tous les produits similaires des autres pays et obtenu les plus hautes récompenses.

Au point de vue économique, comme sous le rapport de la production, il serait désirable, dit le comte d'Harcourt, président de la Commission algérienne à l'Exposition universelle de Vienne, que la minoterie algérienne s'emparât complètement de la transformation de ses blés durs en semoules. Le rendement du blé dur étant de

Sons et petits sons   14 p. %
Semoule............   62
Farine............   .24

si la fabrication des semoules s'implantait plus largement en Algérie, la différence du prix de transport pour la France entre le blé et la semoule serait de 38 % au profit de l'industrie des deux pays, et au grand avantage de l'industrie coloniale. La farine serait conservée en Algérie pour la panification, et le son pour l'engraissement du bétail. On voit quel immense horizon ouvre à l'industrie de la minoterie en Algérie le vœu judicieux du comte d'Harcourt, complètement justifié par la faveur dont jouissent les semoules de blé dur d'Afrique.

Les orges algériennes tendent aussi à jouer un rôle important dans l'industrie. La production, 8,000,656 qm. en 1874 pour 1,323,021 hectares ensemencés ne peut donc que s'accroître. Peu appréciées à l'Exposition de Londres, elles ont, au contraire, été très remarquées à celle de Vienne, et commencent à être fort recherchées pour la fabrication de la bière ; l'Algérie semble destinée à fournir un contingent de plus en plus considérable aux pays tels que l'Angleterre et l'Autriche, dans lesquels la fabrication de la bière absorbe des quantités d'orge supérieures à la production locale.

. Les spécimens d'avoine et de maïs présentés à l'Expositionde Vienne, ont obtenu également un succès mérité, qui doit contribuer à populariser leur culture très rémunératrice. L'Algérie, grâce à son climat privilégié, peut semer le maïs au mois de juin sur des terres qui ont déjà porté une récolte de blé, qu'il est possible d'arroser. Elle peut également cultiver, avec certitude de réussir, toutes les variétés, aussi bien le maïs blanc des Landes, le maïs quarantin variétés précoces, que le maïs Cusco et le maïs de Caragua. La réussite obtenue à la suite des expériences faites en vue de donner comme nourriture d'hiver aux bestiaux les feuilles de maïs ensilées après leur récolte en vert, doit avoir un grand retentissement en Algérie, pays propre entre tous à l'élevage du bétail.

En 1874, 20,357 hectares avaient été ensemencés en avoine, et 19,731 en maïs : le rendement a été pour l'avoine de 240,851 qm., pour le maïs de 135,527 qm.

Le mouvement d'exportation des céréales en 1874 se traduit par les chiffres suivants : froment 1,052,843 qm., seigle 30 qm., orge 767.325 qm., avoine 90,057 qm., farines de toutes sortes 90,397 qm., pain et biscuit de mer 19,500 kilogrammes.

Plantes légumineuses ou potagères. — Dans la même année, 14,448 hectares ont été consacrés à la culture [des plantes légumineuses ou potagères, sur lesquels 5,847 ont été plantés en pommes de terre. Expédiées à l'état sec, ou à l'état frais pendant l'hiver, à une époque où les primeurs manquent sur le marché des halles de Paris, les plantes potagères constituent une branche d'industrie dont l'importance et l'avenir sont suffisamment démontrés par ce fait que l'exportation, qui n'atteignait en 1867 que 855,430 kil. pour les légumes verts, et 337,082 pour les légumes secs, a successivement progressé au point d'atteindre pour les premiers, en 1874 : 1,394,785 kil. et 9,758,571 kil pour les seconds.

Plantes, racines, prairies artificielles. — Les cultures des plantes, racines et prairies artificielles effectuées en 1874 se sont étendues à 3,444 hectares, avec une différence en plus de 1,087 hectares sur 1873. Ce développement ne s'arrêtera pas là, les Européens s'adonnant de plus en plus à l'élève du bétail, industrie très rémunératrice, ainsi que le prouve l'augmentation continue de leurs troupeaux qui, en 1874, s'élevait à 462,625 têtes. D'autre part, le fourrage algérien tend de plus en plus à devenir un objet d'exportation ; en 1874, il était, en effet, exporté 4,594,951 kil. de fourrages, représentant une valeur de 182,898 francs, et rien que pour les neuf premiers mois de 1875 cette quantité a été dépassée de 2,514,459 kil.

Vignes et arbres fruitiers. — Il est
peu de cultures dont la progression ait été
aussi rapide que celle de la vigne ; en
1874, le nombre des hectares plantés en
vignes s'est élevé à 18,264, alors qu'en
1856, il était seulement de 8,187, dont
6,000 hectares possédés par les Arabes.
L'accroissement, en une seule année, de
1873 à 1874, a été de 1,019 hectares, et
tout nous porte à croire que l'augmentation
a été plus considérable encore pendant la
dernière campagne agricole. Quoi qu'il en
soit, les 11,360 hectares de vigne possédés
et exploités par les Européens en 1874, ont
fourni une récolte de 229,000 hectolitres,
soit environ 20 hectolitres à l'hectare.

En même temps que s'augmentait la production des vins algériens, leur qualité s'a-
méliorait, ainsi que le prouve le nombre de
récompenses accordées par le Jury de l'Exposition de Vienne. Ces améliorations, dues
à l'introduction de cépages appropriés à la
nature du sol, au climat et aux perfec-
tionnements apportés dans les procédés de
vinification, ne laissent aucun doute sur la
bonne qualité générale des produits vini-
coles le jour où cette industrie aura réalisé
tous les progrès indiqués par la science et
l'observation. Certains crûs paraissent même
destinés à occuper un rang des plus hono-
rables parmi les vins dits de dessert ; et la
bonne fortune qui, grâce à des précautions
qu'on aurait bien tort d'accuser d'être trop
minutieuses en présence des intérêts qu'il
s'agit de protéger, a, jusqu'à ce jour, pré-

servé l'Algérie des atteintes du phylloxera
Vastatrix, la désigne comme pouvant fournir une compensation, en quelque sorte
providentielle, au déficit causé annuellement
par le terrible insecte dans cette production
nationale.

On remarque, du reste, qu'en 1874 l'Algérie a exporté 13,063 hectolitres, soit près
de 3,000 hectolitres de plus qu'en 1873. En
1867, l'exportation des vins algériens était
seulement de 839 hectolitres. Depuis quelques années, l'Administration militaire
accepte les vins algériens, jusque-là écartés
des adjudications ; leur transformation en
eaux-de-vie devient aussi une industrie de
plus en plus importante, on compte plusieurs fabriques opérant sur une grande
échelle le brûlage des vins ; une seule, située
à Philippeville, est outillée de manière à
fournir par jour 100 hectolitres.

La vigne trouve en Algérie un sol et un
climat dont la nature lui convient merveil-
leusement. Soit qu'on la cultive, dit M. le
comte d'Harcourt, dans les terres légères
et sablonneuses de la Mitidja, soit, au contraire, qu'on la plante sur les versants des
coteaux calcaires des environs d'Oran, partout elle croît avec vigueur et donne en
peu d'années des ceps robustes et bien établis. Les maladies et les gelées tardives
l'épargnent également.

Presque tous les arbres fruitiers d'Europe ont été acclimatés en Algérie ; et, sur
nos tables, les fruits des pays du Nord, à qui
les contrées montagneuses sont particulière-

ment favorables, figurent côte à côte avec les fruits naturels du pays et les fruits exotiques, qui réussissent admirablement sur le littoral. Chaque année voit s'accroître le commerce d'exportation des oranges, citrons, mandarines, bananes et aussi celui des fruits secs, figues, dattes, amandes. Toutefois, l'Algérie a encore beaucoup à faire de ce côté, car elle importe une valeur en fruits frais et secs presque égale à celle qu'elle exporte. La fabrication des fruits secs ou tapés, notamment, est encore à son enfance, mais elle ne peut tarder à progresser, en présence des débouchés certains qui sont assurés à ces produits dont la consommation augmente en Europe dans des proportions considérables. Le nombre des arbres de toutes espèces, fruitiers, forestiers, économiques et d'agrément, possédé en Algérie par des particuliers est de 15,322,172 ; sur ce nombre, 8,430,490 appartiennent aux Européens.

Plantes oléagineuses et tinctoriales. — La culture des plantes oléagineuses n'est guère faite que par les Européens. En 1874, ils ont consacré 805 hectares au colza, ricin et arachides ; le rendement a été de 5,996 qm. Les ricins qui s'accomodent de tous les terrains et dont la graine sert à fabriquer une huile très estimée pour le graissage des machines, prendront une place de plus en plus importante dans les cultures européennes ; quant aux plantes tinctoriales, elles sont, au contraire, le partage exclusif des indigènes qui ne leur ont d'ailleurs consacré que 17 hectares en 1874, garance et henné. L'envahissement des couleurs chimiques fait perdre à ces plantes une grande partie de leur intérêt. Le henné, composé avec une poudre produite par les feuilles désséchées du *lawsonia inermis*, est d'ailleurs consommé en grande partie sur place par les femmes indigènes qui s'en servent pour se colorer les ongles, les doigts, la paume et le revers des mains, le dessous des pieds et des orteils. Cependant l'industrie lyonnaise en tire un principe colorant qu'elle emploie sous le nom de *noir d'Afrique*, pour teindre en noir ses plus belles soieries. La feuille de henné se vend de 150 à 200 fr. le quintal. La température du Sud convient mieux à l'arbuste qui la produit que celle du Tell.

CHAPITRE XVII

AGRICULTURE ET INDUSTRIES AGRICOLES (suite). — SÉRICICULTURE. — COTON. — TABACS. — OLIVIERS. — LIN. — PLANTES ET FLEURS A ESSENCES. — EUCALYPTUS. — RAMIE. — MILLET LONG.

Sériciculture. — Après avoir donné les plus grandes espérances, l'industrie séricicole est momentanément tombée en grand discrédit auprès des colons ; en 1874, on a cependant constaté quelques améliorations ; le nombre des éducateurs s'est accru de 111 et le chiffre de la production a dépassé de 5,833 kil. celui de 1873. Toutefois, ces résultats sont à peu près insignifiants, surtout étant donnés la grande quantité de mûriers déjà plantés en Algérie, la facilité avec laquelle cet arbre se reproduit et l'excellence du climat, de tous points favorable à l'éducation des vers à soie. Comme le fait observer le rapporteur de la commission algérienne à l'Exposition de Vienne, la maladie qui a sévi pendant plusieurs années sur les *races jaunes*, dites milanaises, a beaucoup contribué à éloigner les éleveurs algériens et à faire fermer les magnaneries-modèles et les filatures qui s'étaient établies ; mais il faut aussi faire entrer en ligne de compte le peu de facilités que l'éleveur rencontrait à vendre ses cocons et le bas prix qui lui était offert sur place de ses produits, toutes les fois qu'il n'en possédait pas des quantités suffisantes pour être exportées directement. Les petits éducateurs ont successivement renoncé à une industrie qui n'était pas suffisamment rémunératrice. Aujourd'hui, grâce à l'iniative prise par M. Jean Dolfus, on est en droit d'espérer, dès cette année, une production beaucoup plus importante. Des avis nombreux, insérés dans tous les journaux du département d'Alger, le plus riche en mûriers, informent, en effet, nos agriculteurs que M. Dolfus tient à leur disposition des graines de vers à soie de 1re qualité et payables au prix coûtant après la récolte. L'honorable maire de Mulhouse s'engage, en outre, à acheter tous les cocons qui lui seront présentés, tout en laissant aux producteurs le droit de disposer de leur récolte, s'ils trouvent des conditions meilleures. Enfin, des brochures explicatives sont, tenues gratuitement à la disposition de ceux qui, n'ayant pas encore pratiqué cette industrie, voudraient l'essayer.

Pour notre part, nous ne doutons pas du succès d'une affaire aussi bien préparée ; et, si nos prévisions sont confirmées, l'Algérie ne tardera pas à occuper la place importante qui lui revient dans la production d'une matière première intéressant au plus haut degré une de nos grandes industries nationales.

Cotons. — Comme l'industrie séricicole, la culture du coton qui avait pris un moment des proportions considérables et réalisé de rapides progrès, est aujourd'hui en pleine décroissance. Après avoir occupé, en 1866, une étendue de 5,776 hectares dont la récolte après l'égrenage a été de 860,570 kil., on la voit descendre successivement d'année en année, au point de ne plus embrasser, en 1874, qu'une étendue de 639 hectares, qui produisent 249,395 kil. et encore ne trouve-t-on plus le coton que dans le département d'Oran. Toutefois, il est à constater qu'il y a augmentation continue dans le rendement après l'égrenage ; que la qualité des produits demeure excellente, et que ceux-ci sont assez rémunérateurs pour encourager les planteurs à

revenir sur le mouvement à la suite duquel
ils ont restreint ou abandonné cette culture. Des expériences faites dans nos oasis de
Tuggurth et d'Ouargla par l'agha Ben
Driss, qui y a semé des graines provenant
du Tell et du Soudan, permettent de croire
que nos possessions du Sud se prêteraient
admirablement à cette culture. M. Léon
Say, le jeune et sympathique officier de marine, qui accompagne M. Largeau dans son
exploration à Ghadamès, a pu, sur les indications de Ben Driss, dresser une carte de
toutes les parties de la riche vallée de
l'Oued-Rhir dans lesquelles la culture du
coton pourrait être tentée avec chances de
succès. Les superficies irrigables ne s'élèvent pas à moins de cinq à six mille hectares,
dont les produits trouveront un débouché
économique dans la voie ferrée qui, un jour
ou l'autre, reliera Batna à Tuggurth.

Tabacs. — La culture des tabacs est au
contraire en progression constante. En 1869,
5,340 planteurs, (Européens et Indigènes)
avaient consacré à la culture des tabacs une
superficie de 4,400 hectares. En 1874, le
nombre des planteurs atteint 9,000 et les
superficies des hectares cultivés 6,460 ; le
rapport total a été de 4,700,000 kil. La
majeure partie de la récolte est acquise pour
le compte de l'Etat qui, du 1er janvier au
1er novembre 1875, a pris livraison de
3,287,067 kil., moyennant une somme de
2,510,347 francs. En 1874, les livraisons
faites à l'Administration s'étaient élevées à
3,350,307 kil. La fabrication des tabacs

de toutes espèces et des cigares est également en progrès, tant sous le rapport de la
production que sous celui de la qualité. On
compte en Algérie de nombreuses et importantes manufactures de tabacs ; et quelques maisons d'Alger, d'Oran et de Constantine jouissent dans toute l'Europe d'une
réputation méritée par les soins qu'elles
apportent à leur fabrication et le choix
des qualités exotiques, qu'elles mêlent aux
tabacs indigènes. En 1874, les fabricants
algériens ont importé 2,122,197 kil. de
tabacs en feuilles représentant une valeur
de 4,881,053 fr., et exporté 737,996 kil. de
tabacs fabriqués, représentant une valeur
de 4,962,944 francs. En 1869, l'importation des tabacs en feuilles n'avait été que
de 1,513,200 kil., et l'exportation des
tabacs fabriqués de 692,231 kil.

Une décision de M. le Ministre des finances, en date du 8 décembre 1875, fixe à
3 millions de kil. la quantité de tabacs
que l'Administration des tabacs est autori-
sée à acheter en Algérie sur la récolte de
1876. Les prix par 100 kil. sont les suivants : 1re qualité, 150 fr.; 2e, 120 fr.; 3e,
90 fr.; non marchands, mais combustibles,
60 à 30 fr.; Une allocation de 10 fr. par 100
kil. en sus du prix de 1re qualité est
accordée aux tabacs surchoix.

L'Exposition de Vienne a permis de
constater que l'art de préparer les tabacs
était arrivé en Algérie à une grande per-
fection, et que, nulle part ailleurs, on ne
fabriquait mieux et à meilleur marché.

Oliviers. — Bien que l'olivier croisse spontanément en Algérie et se propage de lui-même, bien que, même non greffé, il fournisse des fruits abondants et pouvant donner avec de bons procédés de fabrication une huile aussi fine que celle provenant des oliviers les mieux soignés de la Provence, la production des huiles fines a été pendant longtemps très restreinte en Algérie. Le commerce ne connaissait guère que des huiles négligemment préparées par les Indigènes, et tout à fait impropres à la consommation. Les améliorations introduites aujourd'hui dans leur outillage par les colons qui s'occupent de la culture de l'olivier, et les soins plus grands apportés à la cueillette des fruits, permettent d'espérer que les huiles fines d'origine algérienne prendront bientôt sur le marché européen la place qui leur revient de droit, en raison de l'excellence et de l'abondance des fruits récoltés chaque année. En 1874, on a récolté 144,343,009 kil. d'olives, et il a été fabriqué 164,181 hectolitres d'huiles, dont 7,569 de fabrication européenne. Pendant la même année, il a été exporté 1,472,704 kil. d'huile d'olive cotée officiellement au prix de 1 fr. le kilogramme.

Lins. — Comme l'olivier, le lin croit spontanément en Algérie, aussi cette culture prend-t-elle, depuis quelques années, un certain développement, bien que le producteur ait surtout en vue la récolte de la graine. Malgré l'excellente qualité de la filasse fournie par la paille de lin dit

Riga, la difficulté d'application des procédés de rouissage et le prix élevé de la main-d'œuvre ont paralysé jusqu'à ce jour les efforts faits par l'industrie en vue de transformer sur place la paille de lin en filasse. Des manufactures établies dans ce but ont dû fermer leurs portes. En 1874, 5,055 hectares, dont 294 seulement ensemencés par les indigènes, ont été consacrés à la culture du *lin d'Italie,* et 3,579, dont 79 par les indigènes, aux lins de *Riga.* La sécheresse survenue au moment des semis, et des brouillards intenses au moment de la floraison ayant nui à la récolte, le rendement en graines a été pour les lins *d'Italie* de 1,886,891 kil.; pour les lins de *Riga,* de 2,224,015 kil. Il a été exporté au cours de la même année 4,497,634 kil. de graines représentant une valeur de 3,373,263 fr.

Cire et miel. — Les indigènes qui, en 1874, possédaient 163,345 ruches sur le nombre total de 171,380 exploitées, ont conservé jusqu'à présent presque entier le monopole de la fabrication du miel et de la cire ; il y a là une place importante à prendre par l'industrie européenne, « car tout concourt sous le ciel de l'Algérie à féconder et à multiplier les abeilles : la température, la nature des plantes, leur nombre, l'exquise qualité de leurs fleurs », et la France trans-méditerranéenne pourrait exporter de nombreux produits, qui seraient avidement recherchés, au lieu de se contenter de fournir à la consommation locale. La cire brute ne figure en 1874 au tableau des exporta-

tions que pour l'infime quantité de 102,145
kil. représentant une valeur de 204,290 fr ;
le miel vaut sur place 1 fr. 50 à 2 fr. le
kilogramme.

Plantes et fleurs à essences. — Le climat et la flore si riche de l'Algérie dési-
gnaient naturellement son sol comme propice à la culture des plantes et des fleurs
odoriférantes, dont l'industrie tire les essences de plus en plus employées dans l'important commerce de la parfumerie. Les Orien-
taux, aux parfums célèbres dans le monde
entier, avaient d'ailleurs ouvert et préparé
la voie. On peut dire que le succès a pleinement couronné les tentatives faites depuis
quelques années ; on compte aujourd'hui
à Blida, à Boufarik, à Chéragas (département d'Alger), à Mostaganem (département
d'Oran), et à Philippeville (département
de Constantine), plusieurs maisons pouvant rivaliser avec les maisons les plus renommées de Grasse, de Nice et de l'Italie.
Elles se livrent, sur une grande échelle, à la
culture des plantes à essences et à la fabrication des huiles odoriférantes ; leurs produits figurent pour une somme importante
dans le chiffre de 32,280,049 fr. représentant la valeur des marchandises qui ne sont
pas nominativement dénommées au tableau
des exportations de 1874. Comme le fait
observer le rapporteur de la Commission
à l'Exposition de Vienne, l'industrie des
essences est d'ailleurs loin d'avoir épuisé
ses expériences sur le sol algérien, et, chaque année, elle y trouve à utiliser quelque

plante, qui devient pour elle un nouvel élément de production : c'est ainsi qu'elle a fait entrer dans le commerce l'essence d'*eucalyptus globulus*. Les plantes les plus fréquemment employées sont l'oranger sous toutes ses espèces et variétés, le jasmin, le cassis, la tubereuse, la verveine, le rosier, la menthe poivrée, la violette, l'origan et surtout le géranium rosat. *(Pelargonium capitatum)* qui se reproduit avec une étonnante facilité. Enfin, pour terminer cette nomenclature, citons encore le thym, la lavande, l'absinthe, le myrthe, le romarin, la fenouille, la sauge, la menthe qui croissent spontanément et n'exigent aucune culture.

L'*Eucalyptus*. — En consacrant dans ce chapitre quelques lignes à l'Eucalyptus, notre intention n'est pas d'entretenir le lecteur des avantageux résultats dus à cet arbre introduit en Algérie par le savant M. Ramel et propagé avec le plus grand succès par M. Trottier ; il est d'ores et déjà désigné pour jouer un rôle prépondérant dans l'œuvre du reboisement de l'Algérie. Mais il n'y a pas lieu seulement de se préoccuper de l'Eucalyptus au point de vue des services qu'il a rendus, rend et rendra, en contribuant au desséchement des sols marécageux et en fournissant en trois ou quatre années des abris impénétrables aux rayons du soleil. Envisagé comme plantation industrielle, il est susceptible d'un produit très sérieux et bien digne de fixer l'attention. Plantés dans un sol propice, les jeunes sujets atteignent au bout de huit années une taille de quinze à dix-huit pieds et une circonférence moyenne de soixante centimètres à hauteur d'homme. Des expériences faites à Hussein-Dey par M. Trottier, il résulte qu'un hectare de terrain planté en eucalyptus représente en bloc à la dixième année une valeur totale de 7,670 fr. et de 14,728 fr. à la quinzième. L'emploi sur place de ce bois propre aux travaux de charpente et de charronnage est complètement assuré, car sous le rapport des bois de construction les besoins de l'Algérie sont considérables ; en 1874 elle a importé 14,555 stères de bois bruts ou équarris, et 4,107,438 mètres courants de bois sciés.

La Ramie. — Depuis quelques années, l'attention des agriculteurs algériens a été appelée par une grande publicité, due à l'initiative de M. le baron De Bray, sur les avantages que leur procurerait la culture, sur une vaste échelle, de la Ramie (*urtica utilis* ou *urtica nivea*) dont les fibres employées de temps immémorial par les Chinois dans la fabrication des tissus, ont pris une place importante dans l'industrie européenne. Dès 1869, en effet, les étoupes et les frisons qu'on tire de la Ramie, plus vulgairement connue sous le nom de China-grass, étaient signalés comme pouvant rivaliser avec les plus belles laines animales, et les tissus fabriqués avec ces étoupes excitaient l'admiration générale par leur éclat, leur finesse et leur solidité ; depuis cette époque, les demandes des fabricants ont

toujours été en augmentant ; et, l'Algérie,
où l'acclimatation de la Ramie est complètement résolue à la suite des essais faits dans
les trois départements, sera en peu d'années
à même de fournir à la France toutes les
quantités qui pourront lui être demandées, à la condition toutefois que le problème de l'introduction des machines pro
pres à décortiquer les tiges sera résolu
dans un sens libéral ; c'est-à-dire, assurant
aux colons producteurs un prix rémunérateur. D'après un relevé des recettes et des
dépenses afférentes à la culture et à la récolte d'un hectare en Ramie, dû à M. De
Malartic, le bénéfice net annuel pourrait en
être évalué à huit ou neuf cents francs.

Un des grands industriels du Midi, qui,
des premiers, s'est occupé de l'utilisation de
la Ramie, M. Houpiart Dupré, est depuis
quelques mois en Algérie ; il s'y emploie à
propager la culture de cette plante jugée
indispensable au développement de notre
industrie nationale.

Alpiste ou *millet long*. — Enfin, pour
terminer ce chapitre, signalons comme culture des plus productives celle de *l'alpiste*
ou *millet long* dont le prix a atteint en
1875, 80, 85 et même 95 fr. les 100 kil.
Cette graminée, qui croît spontanément en
Algérie, exige peu de soin et de travail ;
Déjà très recherchée comme nourriture des
oiseaux, elle commence à trouver des applications industrielles. Dans le relevé des exportations du port d'Alger pour le dernier
trimestre de 1875 nous voyons l'exportation

des graines d'alpiste figurer pour un chiffre de 380,138 kilogrammes.

CHAPITRE XVIII.

INDUSTRIES DIVERSES. — MINES. — EAUX THERMALES. — FORÊTS. — BUREAUX DE RENSEIGNEMENTS. — ALFAS. — CRIN VÉGÉTAL.

Les deux chapitres qui précèdent, ont permis au lecteur de se faire une idée exacte des progrès accomplis par l'agriculture et l'industrie agricole ; ceux que nous allons constater à l'actif des autres industries ne sont pas moins dignes de fixer l'attention.

Le développement pris par les trois grandes branches de notre commerce d'exportation, les minerais, les liéges et l'écorce à tan et l'alfa, est notamment d'autant plus remarquable, que l'exploitation de ces richesses naturelles, doit encore lutter contre l'insuffisance actuelle des moyens de transport ; mais, si on compare les résultats acquis aujourd'hui, en dépit des obstacles créés par l'absence de voies de communication suffisantes, à ceux que promet l'achèvement des voies ferrées en cours d'exécution ou à l'étude, il est facile de se rendre compte de l'importance des progrès à la veille d'être réalisés.

Il est, en outre, d'autres industries que nous devons au moins citer, à défaut de pouvoir dans cette Etude rapide leur accorder toute la place que mériteraient les services qu'elles rendent.

Parmi les industries qui exploitent les matières premières tirées de la métropole ou de l'étranger, il faut mentionner, en première ligne, la fabrication des effets militaires de toutes sortes, vêtements, linge, chaussures, harnachement, objets de grand et petit équipement, qui occupe à Alger, à Constantine et à Oran un grand nombre d'ouvriers des deux sexes, auxquels elle assure un travail régulier et rémunérateur, tout en procurant à l'Etat un bénéfice sensible. Le transport des matières premières est supporté, en effet, par les confectionneurs locaux, tandis que l'Etat avait à sa charge le transport des effets confectionnés qu'il tirait des magasins métropolitains.

Citons aussi d'importantes usines occupées à la transformation des métaux reçus à l'état de lingots ou de saumons, en instruments agricoles ou en matériaux de construction ; des verreries, des poteries, s'efforçant de faire concurrence aux expéditions des produits similaires, généralement de provenance étrangère ; et, enfin les nombreuses fabriques consacrées, sur tout le littoral, à la préparation des poissons salés, fumés ou conservés à l'huile.

En 1874, on voit ces fabriques exporter 5.386.126 kil. de leurs produits, représentant une valeur de 3.231.696 fr., alors qu'en 1869 l'exportation des mêmes produits atteignait seulement le chiffre de

1.324.752 kil., et une valeur de 264.950 fr. Le rapprochement des quantités des produits similaires importés aux mêmes époques, en 1869 : 7.160.217 kil. ; en 1874, 1.142.584 kil., permet d'apprécier pleinement le développement pris par cette industrie, dont le temps d'arrêt éprouvé en 1875 ne saurait être attribué qu'aux mauvaises conditions dans lesquelles la pêche a été effectuée pendant ce dernier exercice.

Mines. — En ce qui touche la nomenclature des richesses minières de l'Algérie, nous renvoyons le lecteur aux nombreux et intéressants travaux publiés sur ce sujet par M, Ville, inspecteur, chef du service des mines. Les nombreuses publications de ce savant ingénieur permettent d'apprécier à leur juste valeur les trésors du règne minéral, dont l'Afrique française a été si généreusement dotée par la nature, et qui, après avoir été longtemps méconnus, fixent enfin l'attention du monde industriel. Chaque jour, pour ainsi dire, de nouveaux permis de recherches sont accordés par le Gouvernement général, et d'importantes Compagnies se forment pour l'exploitation des gîtes, dont les travaux d'exploration ont démontré l'importance. D'après les tableaux publiés par le Gouvernement général au milieu de l'année 1875, dans le but de faire connaître les principaux gisements, mines, minières et carrières de l'Algérie, et les formalités à poursuivre pour obtenir une concession, on comptait à cette époque, 9 mines et 5 minières concédées dans la

province de Constantine ; 4 mines et 8 minières dans la province d'Alger ; 1 mine et
16 minières dans la province d'Oran. Les
principaux gîtes minéraux non concédés
étaient au nombre de 49, ainsi répartis :
28 dans la province de Constantine, 16 dans
la province d'Alger, 5 dans la province
d'Oran ; sur ce nombre, 23 étaient exploités en vertu de permis de recherches avec
autorisation aux explorateurs de disposer
des produits de leurs fouilles ; ces tableaux
constataient, en outre, l'existence de 13 carrières de marbre, et de 34 salines, sources
salées ou roches de sel gemme.

Les principaux gîtes, mines et minières
concédés se classent d'après la nature de
leurs produits de la façon suivante : 36 gîtes
de fer dont 5 de fer oxidulé, 1 mine decui-
vre, 1 de cuivre et fer, 1 de plomb et cuivre,
1 de cuivre, plomb et argent, 1 de zinc et 1
de mercure. Les gisements non concédés
comprennent des mines de fer, de plomb,
de zinc, d'antimoine, de cuivre, cuivre et
plomb, plomb argentifère, bitume, lignite,
alun et souffre, carrières de marbre ; et
encore n'est-il pas tenu compte des richesses que renferment certainement les
deux grandes zones encore inexp'orées
situées sur les limites des départements de
Constantine et d'Oran ; la première à l'Est,
entre les méridiens de Bougie et de Dellys,
la seconde à l'Ouest, entre les méridiens
d'Ammi-Moussa et de Mostaganem.

Quelques chiffres feront du reste mieux
apprécier l'accroissement pris par l'in-

dustrie minière. Ainsi, les redevances à
l'Etat. qui, en 1869, étaient seulement de
44.106 fr. se sont élevées pour 1875 à
162.500, et la comparaison des exportations
pendant les deux mêmes exercices donne les
résultats suivants :

	1869	1874
Marbres en tranches k.	63.339	106.115
Fer....... id ...... qm.	2.152.045	4.602.728
Cuivre.... id ...... —	48	4.928
Plomb .... id ...... —	28.270	30.497

D'autre part, malgré les désastres financiers qui ont paralysé momentanément dans
la province d'Oran la production minière,
le personnel employé à l'extraction s'est
accru en 1875 de 400 ouvriers, et leur
nombre total, qui était de 3.500 en 1874, a
été pendant le dernier exercice de 3.900.

Le tonnage des minerais extraits pendant
les six premiers mois de 1875 se décom-
pose ainsi en chiffres ronds :

Fer.............	293.000 tonnes.
Cuivre.........	1.730
Plomb.........	1.452
Zinc..........	540
Total......	296.722 tonnes.

Ce qui permet d'évaluer à 600.000 tonnes environ le produit total de l'année représentant le cinquième de la production
minière de la France en 1869, et se traduisant en argent par une valeur d'au moins
un million de francs. La magnifique exploitation de Mokta el Haddid (arrondissement de Bône) entre dans ce chiffre pour

environ 440.000 tonnes de fer magnétique oxidulé.

Eaux thermo-minérales. — L'Algérie est aussi riche en eaux thermales qu'en gîtes minéraux; et, bien que cette richesse soit en partie inexploitée, il y aura lieu d'en tenir un compte sérieux dans un avenir prochain. D'après un travail récent dû à la plume du docteur Bertherand, il existe au moins, dans les trois départements, 140 sources, presque toutes éprouvées par l'analyse du laboratoire, et dont certaines possèdent des eaux qui, pour leur vertu, peuvent rivaliser avec les eaux de Vichy, de Wals, de Coudillac, de St-Galmier et de Bourbonne. On peut donc prévoir, à courte échéance, le moment où l'industrie privée prendra l'initiative de l'exploitation des principales sources. Cette exploitation apportera un concours précieux à la thérapeutique locale et affranchira l'Algérie du tribut qu'elle paie à la France et à l'étranger, soit en envoyant ses malades dans les stations balnéaires européennes, soit en important les eaux actuellement nécessaires à sa consommation, importation qui, pour 1874, s'est élevée à 217.036 litres.

Forêts et industries forestières. — Les forêts, qui couvrent environ 2.257.272 hectares du sol algérien, sont considérées avec raison comme une des grandes richesses du pays. Leur protection, qui paraît aujourd'hui efficacement assurée par la loi du 17 juillet 1874 et l'exécution rigoureuse des dispositions énergiques qu'elle édicte, est, avec l'amodiation et l'utilisation des massifs boisés demeurés propriété de l'Etat, une des grandes préoccupations du Gouvernement général et de la haute administration. La deuxième partie de la loi forestière sur laquelle l'Assemblée législative sera prochainement appelée à statuer, permettra d'atteindre ce résultat, si désirable dans l'intérêt de l'Etat et du développement de l'industrie algérienne, sans demander au Trésor public un concours financier trop considérable, les travaux de défense et de mise en valeur devant être mis, autant que le permettent les règlements sur la matière, à la charge des adjudicataires.

. Les principales essences forestières de l'Algérie sont le *chêne séen*, le *chêne à glands doux*, le *chêne-vert*, le *cèdre* et le *pin d'Alep* qui fournissent d'excellents bois de construction ; le *thuya*, l'*olivier*, le *pistachier*, le *citronier*, le *houx*, l'*arbousier*, le *lentisque*, très recherchés pour les travaux d'ébénisterie et de marqueterie. Tous ces bois trouveront un placement assuré, le jour où ils pourront être transportés aux ports d'embarquement sans être grevés des frais considérables qu'ils ont à supporter aujourd'hui.

Jusqu'à présent, l'exploitation dans les forêts concédées a porté principalement sur le liége et les écorces à tan. L'exportation de ces produits est en progrès continu depuis 1872. Au cours de ladite année, elle était pour le liége de 2.088.899 kil., représentant une valeur de 2.506.679 fr.; pour les écorces à tan de 9.623.625 kil., représentant une valeur de 1.424.725 fr.; en 1874, elle atteint les chiffres suivants : liége, 3.381.902 kil., valeur 4.058.282 fr.; écorces à tan, 10.575.793 kil., valeur 2.115.159 fr.

Les liéges algériens réunissent, du reste, toutes les qualités propres à les faire rechercher : élasticité, flexibilité, grain serré des tissus, belle couleur légèrement rosée, largeur et épaisseur des plaques. D'importantes usines locales se sont fondées pour leur mise en œuvre; ils y reçoivent sur place toutes les applications industrielles nouvelles dont ils sont susceptibles en dehors de la bouchonnerie.

Afin de guider les intéressés qui voudraient solliciter en Algérie des concessions de forêts, le Gouvernement général a fait, au cours de l'année 1875, dresser, comme pour les mines, des tableaux indiquant toutes les ressources de cette nature que l'Etat possède, et les différentes formalités à remplir pour obtenir des concessions. Ces intéressants documents ont été distribués dans les bureaux de renseignements d'Algérie et de France, où ils sont tenus, ainsi que ceux qu'intéressent les mines, les grands travaux d'intérêt général, la colonisation et le peuplement, à la disposition du public.

On ne saurait, du reste, trop signaler à l'attention de la métropole la création de ces bureaux de renseignements, dans les-

quels il est loisible à quiconque veut se
renseigner sur les questions intéressant
l'émigration, la colonisation, l'agriculture,
les reboisements, l'industrie, le commerce,
les exploitations et concessions de mines,
carrières, forêts, salines, alfas, pêche,
transports, chemins de fer, documents géographiques et statistiques, lois et règlements spéciaux, d'obtenir sans frais toutes
les informations qu'il désire.

Le Bureau central, dit de renseignements
généraux et de statistique, installé à Alger,
répond par écrit et à bref délai à toute demande adressée *franco* par lettre ou sous
forme de note et accompagnée d'un timbre-
poste pour l'affranchissement de la réponse.

Trois autres Bureaux de renseignements
ont été également établis en Algérie, à
Oran, Philippeville et Bône, et trois en
France, à Paris, au Hâvre et à Marseille.
Une note spéciale sera consacrée, du reste,
à cette institution, d'autant plus opportune
qu'elle peut rendre gratuitement, effective-
ment et directement tous les services que
des agences privées ne se font pas faute
d'offrir moyennant salaire, bien que se
trouvant dans l'impuissance absolue de tenir leurs engagements.

L'alfa. — Nous n'avons pas à faire ici
la monographie de cette plante merveil-
leuse qui fait des hauts plateaux de l'Algérie une mer de verdure, sur laquelle les
ardeurs d'un soleil brûlant n'ont pas de
prise, ni même à entrer dans le détail des
nombreuses applications industrielles dont

elle est susceptible. Il suffirait d'ailleurs, de l'utilisation que l'alfa reçoit dans la fabrication de la pâte à papier, pour justifier l'espoir qui repose sur l'exploitation régulière d'une richesse naturelle couvrant une superficie de plus de quatre millions d'hectares. Le développement de l'exportation de ce produit de 1862, où elle n'était alors que de 448 tonnes, à 1874, où elle a atteint le chiffre de 58.000 tonnes et, qui paraît devoir être dépassé en 1875, permet, du reste, d'entrevoir l'essor réservé à cette industrie le jour prochain où des voies ferrées, établies par les Compagnies concessionnaires de vastes espaces, iront chercher l'alfa aux lieux mêmes de production pour le transporter économiquement aux ports d'embarquement.

Les besoins de l'Angleterre augmentent, en effet, à mesure que diminue, à la suite d'exploitations mal comprises, la production des pays qui, comme l'Espagne, avaient, avant que les produits de l'Algérie n'eussent fait leur apparition sur le marché européen, le monopole du commerce de l'alfa ; et c'est l'Algérie qui est désignée pour suppléer à l'insuffisance de leur production et alimenter l'industrie étrangère et métropolitaine.

L'industrie locale tire elle-même parti de l'alfa qu'elle emploie à des ouvrages de sparterie et de vannerie très estimés ; il existe aussi dans la province de Constantine deux usines, l'une aux environs des

Ouled Rhamoun, dirigée par M. de Montebello, l'autre à Batna, par M. Jus, ingénieur civil, où s'opère la transformation en pâte à papier. Ce dernier industriel a même obtenu, à l'Exposition de 1875, un diplôme d'honneur en récompense de sa brillante exhibition. Les usines de ce genre sont appelées à se multiplier au fur et à mesure que ce précieux textile arrivera avec plus d'abondance sur nos marchés.

Crin végétal. — L'industrie du crin végétal tiré de la feuille du palmier nain, industrie absolument algérienne, est aussi en progrès très marqué. On voit pour la première fois ce produit figurer, en 1845, au tableau commercial pour une exportation de 8.581 kil. Dix ans plus tard, en 1855, cette exportation s'élève déjà à 327.713 kil., et dépasse, en 1872, 9 millions de kil. Ce chiffre baisse, il est vrai, en 1873 et en 1874, par suite de l'encombrement du marché européen ; mais pour se relever d'une façon très sensible en 1875. Il existe dans les départements d'Alger et d'Oran de nombreuses usines qui s'occupent de la transformation en crin végétal des feuilles de palmier nain.

Ce produit a été très remarqué à l'Exposition de Vienne, et tous les échantillons produits ont été honorés de récompenses. L'Algérie exporte aussi une certaine quantité de matière brute, c'est-à-dire de feuilles de palmier.

CHAPITRE XIX.

COMMERCE GÉNÉRAL : EXPORTATIONS, IMPOR-
TATIONS, MOUVEMENT DE LA NAVIGATION,
PROGRESSION PAR PÉRIODES DÉCENNALES,
COMMERCE DU SUD.

Le soin que nous avons pris d'indiquer
le chiffre auquel s'est élevée l'exportation
des principaux produits agricoles et industriels de l'Algérie en 1874, a déjà permis
de se faire une idée de l'importance de son
commerce général d'exportation. Parmi les
principales marchandises exportées, nous
citerons encore : les chevaux, 525 têtes en
1874 contre 190 en 1873. Toutefois, il est
bon de faire remarquer que l'exportation de
ces animaux avait été beaucoup plus considérable de 1862 à 1867 et, antérieurement,
en 1864. Les encouragements donnés
aujourd'hui à l'amélioration de la race che-
valine font espérer de ce côté une amélioration prochaine.

Les bêtes bovines et à laine, 3.079 têtes
pour les premières, et 341.055 pour les
secondes en 1874, article en diminution
sur les années précédentes ; les peaux bru-
tes, 1.289.503 kil. en augmentation sur
1873 ; les laines en masse, 7.290.567 kil.
en augmentation, sauf pourtant sur 1872,
où leur exportation avait dépassé 8 millions
de kil. ; le corail brut, 40.786 kil. en augmentation de 1.500 kil. sur 1873 ; les os,
sabots et cornes de bétail, 1.556.214 kil.

En résumé, les exportations de l'Algérie

ont représenté, en 1873, une valeur de
152 216.366 fr., et en 1874, une valeur de
149.352.895 fr. Cette diminution de trois
millions tient à des causes purement acci-
dentelles qui n'intéressent en rien l'avenir
du pays ; et ce fait reste acquis, si on prend
pour terme de comparaison l'année 1864,
que, dans cette période décennale, les
exportations qui, à cette date, s'élevaient
à 108.067.354 fr., représentent une augmentation de 49.285.541 fr.

Quant au commerce d'importation, il
n'entre pas dans le cadre de cette Étude
de s'appesantir sur les divers produits qui
en font l'objet ; nous devons nous borner
à faire ressortir les avantages qu'il procure
à la mère-patrie. Or ce but pourrait être atteint rien qu'en citant les chiffres auxquels
il s'est élevé pendant les exercices 1873
et 1874 : 206.737,200 fr. et 196.255.214
fr. La différence de 10.481.986 fr. qui existe
entre ces deux résultats, porte pour une
somme de 7 millions sur l'argent et la
monnaie de plus en plus nombreux dans le
pays. Les autres diminutions atteignent en
majeure partie des marchandises que la
Colonie produit aujourd'hui en quantités
plus considérables, et demande en moins
à la métropole ou à l'étranger, circonstance
qui est tout à son avantage.

Il est d'ailleurs d'autres produits, tels
que les produits alimentaires, les savons
ordinaires, les ouvrages en métaux, les
huiles de graine grasse, les machines et les
mécaniques dont l'importation s'est sensi-

blement accrue en 1874 ; et ces objets sont précisément ceux qui témoignent du développement pris par la colonisation et par l'industrie.

Le mouvement ascensionnel de la navigation est aussi à considérer, car, comparé à celui de 1873, il se traduit en 1874, par une augmentation à l'entrée de 35.221 tonnes. Dans la période décennale de 1864 à 1873, l'augmentation a été de 482 navires et de 533.780 tonneaux. La prépondérance appartient au pavillon français : sa part, en 1874, s'élève à 66,87 %. Viennent ensuite les navires anglais, espagnols, italiens, autrichiens, norwégiens, suédois, hollandais, allemands, américains, portugais, grecs, belges, barbaresques et russes. Le mouvement de la navigation entre l'Algérie et la France a employé en 1874, 1.431 navires jaugeant 610.638 tonneaux, soit 42 bateaux et 16.222 tonneaux de plus qu'en 1873.

En 1875, nouveau progrès, se traduisant à l'entrée par une augmentation de 525 navires et à la sortie par une augmentation de 435.

Il y n'y a donc pas lieu de se préoccuper des doléances du commerce marseillais en présence de la diminution du mouvement de 134 navires qu'il constate dans ses relations commerciales avec les ports de l'Algérie pendant l'année 1875. Cette diminution est due, non à un ralentissement du commerce de l'Algérie, mais aux nouveaux débouchés qui lui ont été ouverts

avec le nord de la France et l'Angleterre
par la Compagnie de la ligne péninsulaire.

Quelques chiffres tout récents, puisque
nous les empruntons à l'exercice courant,
démontreront l'importance prise par le
Havre, peut-être au détriment du commerce
marseillais, mais à coup sûr au grand
avantage des commerçants du nord de la
France et de l'Algérie.

C'est ainsi que, sur 781,702 kil. de
sucres bruts ou raffinés de toute provenance importés à Alger pendant les mois
de janvier et de février 1875, 291,863 kil.
sont arrivés par la voie du Hâvre ; sur
161,132 kil. de *café* et 24,436 kil. de
fromages, également de toute provenance,
la part de la Ligne péninsulaire a été de
96,120 kil. pour les cafés et de 5,879 kil.
pour les fromages.

Nous pourrions encore citer d'autres
produits de moindre importance, tels que la
chicorée, les *tissus de coton* et les *articles de Paris* ; mais les exemples donnés
plus haut suffisent amplement pour faire
apprécier à leur juste valeur les réclamations
de la ville de Marseille, à qui le correspon-
dant du *Sémaphore* reprochait, non sans
raison, dans sa lettre d'Alger en date du 18
mars 1876, « de ne pas payer l'Algérie de
réciprocité pour les grands avantages qu'elle
retire de cette Colonie, et de recueillir le fruit
des efforts des colons sans montrer de
sérieuses dispositions à les seconder par un
concours efficace. »

De 1864 à 1874, le commerce d'importation a d'ailleurs fait des progrès aussi remarquables que ceux signalés plus haut à l'actif du commerce d'exportation ; de 136.458.793 fr. en 1874, il s'élève en effet à 196.255.214 fr. en 1874 ; soit, en chiffres ronds, 60 millions.

Si nous recherchons maintenant quelle est la part de la France dans le double mouvement d'exportation et d'importation, la statistique établit qu'elle atteint pour les exportations 69 °/₀, et pour les importations 77,21 °/₀ *consommation* et 7,75 *entrepôts*. Viennent ensuite, d'après la valeur des marchandises exportées, l'Angleterre, l'Espagne, l'Italie, la Belgique, les Etats barbaresques, etc.; d'après celle des marchandises importées, l'Espagne, l'Angleterre, les États barbaresques, l'Italie, l'Autriche, etc., etc.

Les chiffres qui précèdent suffisent pour permettre d'apprécier le rôle que joue l'Algérie dans le commerce général de la mère-patrie ; mais on est encore bien plus frappé de son importance lorsque, réunissant le total des exportations et des importations, on suit la progression constante qui a eu lieu depuis la conquête.

Ce total qui n'est, en effet, en 1831, malgré les besoins de l'armée d'occupation, que de 7.983.600 fr., dont 6.504.000 fr. pour l'importation, s'élève en 1835, à 19.376.603. Neuf ans plus tard, en 1854, il atteint 123.410 515 fr.; en 1864, 244.526.147 fr. et enfin, en 1874, il représente une valeur de 345.608.109.

Ces chiffres parlent assez haut pour que nous laissions au lecteur le soin de tirer lui-même les déductions qui découlent de leur rapprochement, et ils serviraient de conclusion à ce chapitre si nous n'étions tenu de dire quelques mots de nos relations commerciales avec le Sud, dont l'extension préoccupe vivement l'opinion publique.

A l'heure actuelle, les caravanes porteurs des produits du Touat et du Soudan à destination de l'Algérie, se dirigent vers Tlemcen (dép. d'Oran). Cette ville, quoique ayant perdu, sous ce rapport, une grande partie de l'importance qu'elle avait autrefois, demeure cependant à peu près le seul marché des produits importés par les tribus en relations avec les peuples de l'Afrique centrale. Il est évident qu'on doit d'autant plus tendre à augmenter ces relations, que l'effet de notre civilisation se faisant sentir dans un rayon plus éloigné, les habitants des territoires d'Hoggar, du Touat et même du Soudan, éprouvent des besoins nouveaux qui ne peuvent être satisfaits que par le commerce européen. C'est ainsi qu'on les voit acheter sur le marché de Tlemcen des serrures perfectionnées, des vases garnis de fleurs artificielles, des bas de soie, des jarretières de laine et une foule d'autres articles fantaisistes.

On ne saurait donc contester l'intérêt de l'Algérie à attirer sur ses marchés les Touatiens, Touaregs, Sahariens et autres commerçants convoyeurs qui dirigent actuellement vers les ports de la Tripolitaine et du

Maroc leurs caravanes chargées des denrées de leur pays, poudre d'or, ivoire, dattes, dépouilles d'autruches, de panthères, de lions, etc., etc., en échange desquels ils rapportent les produits manufacturés d'origine anglaise.

Toutefois, il n'est guère permis d'espérer que ce résultat soit obtenu par les efforts des explorateurs qui se sont voués à cette tâche ; les commerçants du désert, pas plus que les commerçants français, ne paraissent pas, de longtemps au moins, devoir franchir une certaine limite. Cette conviction a inspiré au Gouvernement général de l'Algérie l'idée de créer des foires annuelles sur un ou plusieurs points extrêmes de nos possessions du Sud, tels que, Ouargla, Metlili et Goléah, de manière à en faire les centres de transactions importantes. En effet, d'une part, l'autorité française est en mesure de garantir la sécurité, quelle que soit leur religion, de tous les voyageurs qui s'y rendraient ; de l'autre, les Touatiens, Touaregs et Sahariens n'ont aucune répugnance pour fréquenter ces villes ; et, selon toute probabilité, ils n'hésiteraient pas à se détourner de leurs routes habituelles pour y apporter leurs produits, s'ils étaient sûrs d'y trouver un bon placement de leurs denrées, et des marchandises françaises à des conditions plus avantageuses que celles qui leur sont faites dans les ports de la Tripolitaine et du Maroc pour les marchandises anglaises. La question a été soumise aux Chambres de commerce, et la création de ces foires, seul moyen pratique en l'état actuel, d'étendre nos relations commerciales avec le Sud, demeure subordonnée à l'accueil que réserve à cette idée l'initiative individuelle.

CHAPITRE XX.

SITUATION BUDGÉTAIRE. — BUDGETS DE L'ÉTAT, BUDGETS DÉPARTEMENTAUX, — COMMUNAUX, — SCOLAIRES.

La tâche que nous nous étions proposé d'établir, pièces en mains, le développement successif de l'Algérie et les progrès accomplis, notamment au cours des trois derniers exercices, pourrait d'autant mieux être considérée comme remplie, que le lecteur, qui a bien voulu nous suivre jusqu'ici, a eu sous les yeux un tableau à peu près complet, au moins dans l'ensemble, — car nous avons dû négliger, quelque intéressants qu'ils fussent, de nombreux détails, — de la situation actuelle de la France transméditerranéenne. Toutefois, en présence du préjugé, encore vivace chez certaines personnes, que l'Algérie impose à la France des sacrifices considérables, il est opportun de consacrer l'avant-dernier chapitre de cette Étude à l'examen de nos ressources budgétaires et de notre situation financière.

Bien loin de nous, cependant, l'idée de

contester la part prise par la mère-patrie à
nos progrès ; l'intérêt qu'elle porte à l'Algérie
ressort d'ailleurs de ce fait que, depuis
1871, l'Assemblée a fait droit à toutes les
demandes de crédit justifiées ; mais, en
regard des sacrifices consentis, il est opportun de mettre les accroissements de ressources obtenus, et d'établir ainsi, à l'encontre des détracteurs de la Colonie, la
corrélation qui n'a pas cessé d'exister entre
les recettes et les dépenses ; les premières
augmentant toujours en proportion des
crédits alloués.

Si, sans se reporter à des dates trop
éloignées, on recherche quelle était la
situation budgétaire de l'Algérie avant
1870, on constate que, de 1867 à 1871
inclus, année dans laquelle la reprise de
l'œuvre du peuplement est résolue, les
recettes provenant des revenus et produits de
l'Algérie, et qui sont la base du budget ordinaire, n'ont pas dépassé une moyenne
de 15 millions. Cette moyenne est même
loin d'être obtenue en 1868 et en 1870,
alors que, dès 1872, les recettes s'élèvent
de près de trois millions cinq cent mille
francs et atteignent le chiffre de 19,489,442
francs.

A partir de cette époque, la progression
continue et s'accentue davantage ; les recettes ordinaires s'élèvent, en 1873, à la somme
de 21,423,803 fr., dépassant les prévisions
budgétaires de 2,415,219 fr. ; et en 1874,
on constate une nouvelle augmentation de
4,079,982 fr. ; ce qui porte les recettes

réalisées dans ledit exercice à 25,503,786 francs et fait ressortir pour une période de trois années une augmentation de recettes de 10,406,690 francs. Or, si on rapproche des recettes réalisées en 1874, les dépenses ordinaires, y compris les travaux exécutés au moyen de l'annuité de la Société algérienne, l'écart qui se trouve entre ces deux chiffres :

Dépenses....   25.731.654.86
Recettes.....   25.503.786.09

n'est que de 230.868.77

et présente, au contraire, un excédant sensible de 3.272.131 fr. 28, si on retranche du total des dépenses les 3.500.000 francs de l'annuité de la Société algérienne qui, figurant en recettes au budget sur ressources spéciales, sembleraient devoir également figurer en dépenses au même titre. Cette somme couvre, à peu de chose près, les dépenses des services hors du budget spécial et rattachées aux différents ministères de la justice, des cultes, de l'instruction publique et des douanes qui, pour 1874, se sont élevées ensemble à 3.641.215 francs.

On peut donc hardiment prophétiser le prochain avènement du jour où, sans que se ralentisse le mouvement ascensionnel forcé des dépenses, puisque les travaux publics prenant sans cesse une plus grande extension, leur entretien et leur conservation exigent des crédits plus considérables, les recettes ordinaires de l'Algérie

feront face tant aux dépenses du budget ordinaire, qu'à celles hors budget mentionnées
plus haut. Il est même permis d'espérer que
l'année 1877 verra se produire ce grand évé-
nement ; car, si le budget des dépenses pré-
vues par le Conseil supérieur, s'élève à près
de 26 millions, en présence d'évaluations de
recettes n'atteignant que 23.707.500 fr., il
y a lieu de tenir compte, d'une part, de l'ex-
trèmemodération qui a présidé aux évaluations, de l'autre, des bénéfices que doivent
assurer au Trésor public les modifications
projetées aux impôts actuels. Toujours, en
effet, les prévisions ont été largement
dépassées en Algérie, au moins depuis 1872,
et la loi projetée pour l'implantation de l'impôt foncier n'eût-elle pour effet que de
réduire la part que l'Etat abandonne sur le
principal de l'impôt aux trois départements,
que cette réduction constituerait au profit
du Trésor une économie suffisante pour
subvenir aux dépenses hors budget.

La situation budgétaire vis-à-vis du Trésor
public est donc aussi bonne que possible ;
et, point important à noter, elle n'est pas
due à des causes momentanées, mais bien
aux progrès du commerce et de l'industrie,
au développement de la colonisation. Si on
examine le budget des recettes effectuées
au cours de l'exercice 1874, on constate, en
effet, que la part la plus considérable dans
l'augmentation de 4.413.035 fr. révélée
à l'avantage de cet exercice comparé avec
le précédent, provient des droits de douane;
et que les recettes perçues au titre de

l'impôt arabe ou celles de même source, n'ont subi qu'une augmentation de 1.600.000 fr.

En ce qui concerne le budget des dépenses, il convient aussi de faire remarquer que les augmentations de crédit demandées à la métropole portent à peu près exclusivement sur les chapitres relatifs à la colonisation et aux travaux publics ; c'est-à-dire sur ceux qui intéressent directement le développement de la fortune publique. Quant aux faibles augmentations allouées aux autres services publics, elles ne sont que la représentation exacte des dépenses nouvelles qu'occasionne leur extension sur les territoires successivement remis à l'autorité civile.

Mais ce n'est pas seulement la situation du Trésor public qui est en voie d'amélioration ; il en est de même de la situation financière des départements et des communes.

Grevé, à la fin de 1871, d'une dette d'environ 600.000 fr. vis à vis de l'Etat, qui avait dû subvenir, en partie, aux dépenses du département d'Alger et suppléer, par des avances, à l'insuffisance de ses recettes, ce département a pu non seulement s'acquitter intégralement, mais encore inscrire au budget de 1876, comme premier article de ses recettes, une somme de 279.167 fr., provenant du boni de l'exercice 1874.

Le département d'Oran a pu également amortir sa dette vis-à-vis de l'Etat contractée dans les mêmes circonstances, et la faire descendre de 754.000 fr. à 495.000 fr. en chiffres ronds.

Quant au département de Constantine, le plus riche des trois, il constatait à la fin de l'exercice 1874, un excédant de recettes sur les dépenses de 343.991 fr.

D'après les rapports présentés par les Préfets à la session des Conseils généraux d'octobre 1875, la situation financière des communes se résume de la manière suivante pour l'exercice 1874.

Département d'Alger

Recettes ordinaires et extraor-
dinaires .... 5.290.790 fr.
Dépenses ordinaires et extraor-
dinaires .... 4.377.299 fr.

Excédant de recettes à la clôture de l'exercice........... 913.491 fr.

chiffres qui, rapprochés des comptes administratifs de l'exercice 1873, permettent de constater que les recettes de toute nature afférentes à l'exercice 1874, ont augmenté de 1.000.000 de francs, tandis que les dépenses ne se sont accrues que de 800.000 francs.

Département d'Oran

Recettes ordinaires et extraor-
dinaires...................... 3.343.942 fr.
Dépenses ordinaires et extraor-
dinaires .... 2.735.005 fr.

Excédant de recettes à la clôture de l'exercice........... 608.937 fr.

chiffres qui, rapprochés des comptes admi-

nistratifs de l'exercice 1873, permettent
de constater que les recettes de toute nature
afférentes à l'exercice 1874, ont augmenté
de 373.723 francs, tandis que les dépenses
ne se sont accrues que de 331.649 fr.

Département de Constantine

Recettes ordinaires et extraor-
dinaires .... 6.699.050 fr.
Dépenses ordinaires et extraor-
dinaires .... 4.719.812 fr.

Excédant de recettes à la clô-
ture de l'exercice............ 1.979.238 fr.

Les recettes pendant l'exercice 1874
présentent une augmentation de 107.518
fr. sur celles effectuées en 1873. Les documents que nous avons sous les yeux ne
nous font pas connaître quel a été, pour le
département de Constantine, l'accroissement des dépenses. Peu importe, du reste,
puisque les résultats officiels ci-dessus établissent que dans les trois départements
algériens le budget des communes se sol-
dait à la fin de l'exercice 1874 par des excé-
dants importants de recettes, malgré les
sacrifices de plus en plus considérables que
les municipalités s'imposent pour répandre
l'instruction primaire, obéissant, en agis-
sant ainsi, à une initiative dont on ne saurait trop les féliciter.

Le département d'Alger a, en effet, consacré dans l'exercice 1874, 629.275 fr. au
service de l'instruction primaire, alors que
pour l'exercice 1873 ces dépenses s'étaient
élevées seulement à 447.749 fr. ; soit pour

l'exercice 1874 un excédant de dépenses supérieur de 281.527 à celui de l'exercice précédent.

Dans le département d'Oran, les mêmes dépenses se sont élevées en 1874 à 503.067 fr. et à 480.000 dans le département de Constantine.

CHAPITRE XXI

Nous avons sommairement fait connaître (Chapitre II) les différents éléments qui composent la population de l'Algérie ; il nous reste à rechercher la part que les Étrangers de diverses nationalités prennent dans le grand mouvement civilisateur dont nous nous sommes efforcé d'exquisser le tableau, et l'influence de ce mouvement sur les indigènes. En ce qui concerne les étrangers européens, les émigrants originaires de l'Espagne, de l'Italie, de l'île de Malte et de l'Allemagne sollicitent surtout notre attention, tant en raison de leur nombre que des aptitudes dont ils ont fait preuve dans l'œuvre de la colonisation.

Le dernier recensement quinquennal de 1872 établit qu'à cette époque on comptait sur 115.516 étrangers résidant en Algérie, 61.316 Espagnols, 18.351 Italiens, 11.512 Anglo-Maltais et 4.933 Allemands.

Les 9.354 étrangers, complétant le total de 115.516, appartenaient à des nationalités diverses, mais principalement à la Tunisie, au Maroc et à la Tripolitaine.

ÉTRANGERS.

Espagnols. — C'est dans le département d'Oran que l'on trouve le plus d'Espagnols ; en 1874, on en comptait 37.658 sur une population étrangère de 47.413 âmes ; et dans certaines communes, telles que Mers-el-Kebir et Saint-Denis-du-Sig, ils l'emportent en nombre sur la population française. Il en existe aussi beaucoup dans le département d'Alger et sur tout le littoral. Les natifs de l'île Mahon, qui ont à peu près accaparé l'industrie des cultures maraîchères, sont surtout très nombreux dans les environs d'Alger. Promptement acclimatés, les Espagnols établis en Algérie s'habituent facilement à considérer cette terre française comme une seconde patrie ; leurs enfants suivent volontiers nos écoles, et les mariages entre Français et jeunes filles espagnoles sont assez fréquents. Les Mahonaises, nées en Algérie, sont surtout recherchées. En général, l'Espagnol est sobre et travailleur ; les métiers qu'il exerce principalement sont ceux de terrassier, manœuvre, carrier, mineur. Les plus aisés font le commerce ou se livrent à l'agriculture : quelques-uns possèdent de belles fortunes territoriales.

Les Espagnols, se sont montrés longtemps rebelles à la naturalisation ; en 1872 on n'en comptait que 230 ayant bénéficié du décret du 14 juillet 1865 ; au 3 septembre dernier, ce chiffre s'était élevé à 393. Le total des naturalisations, pendant l'exercice 1875, a été de 111 : il y a donc eu progrès réel.

Italiens. — C'est dans la province de Constantine que l'on trouve le plus d'Italiens, notamment de Sardes. Ces derniers y tiennent, comme jardiniers maraîchers, la place occupée dans le département d'Alger par les Mahonais. Les Génois et les Napolitains établis sur tout le littoral exercent la profession de pêcheurs ou de marins au cabotage ; ceux originaires des autres contrées sont maçons, plâtriers, peintres ou potiers. Les unions entre Français et Italiennes sont très fréquentes ; les Italiens se font volontiers naturaliser : en 1872, on en comptait déjà 611 ; au 3 septembre dernier ce chiffre atteignait 813 ; pour 1875, il a été de 142.

Maltais. — L'Algérie est presque pour le Maltais la patrie même, sous le rapport du climat et de la langue qui se rapproche sensiblement de la langue arabe. Aussi le Maltais y vient-il sans répugnance tenter la fortune, qui souvent lui sourit ; il est de préférence débitant, épicier, restaurateur, parfois porte faix ou charretier, très rarement cultivateur ; il n'habite guère que les villes, mais il est peu de localités de quelque importance où on ne le rencontre pas. À part les relations d'affaires, il fraie peu

avec les autres Européens et évite de s'al-
lier avec eux. On ne comptait au 3 septembre dernier que 64 Maltais naturalisés,
soit 31 depuis 1872 et 14 en 1875.

Allemands.— Après les Italiens, ce sont
les Allemands qui recherchent le plus la
naturalisation, principalement depuis 1871;
100 ont été admis à jouir en 1875 des bénéfices du décret de 1865, et, au 3 septembre
dernier, on comptait 760 Allemands naturalisés contre 510 en 1872. Les Allemands
sont généralement cultivateurs, de même
que les Suisses, dont 26 ont obtenu leur
naturalisation en 1875.

Quant aux étrangers originaires de la
Tunisie, du Maroc et de la Tripolitaine, ils
se composent en majeure partie d'Israélites,
qui recherchent assez volontiers la naturalisation et se fixent, les Tunisiens dans le
département de Constantine, les Marocains
et les Tripolitains dans celui d'Oran.
Comme leurs coreligionnaires, la plupart
d'entr'eux se livrent au commerce.

Les femmes espagnoles et italiennes
fournissent un appoint considérable à la
domesticité.

Dans leur ensemble, les étrangers européens apportent un concours utile à l'œuvre
de colonisation entreprise par la France et
remédient en partie à l'insuffisance de l'immigration métropolitaine. Si on préjuge
l'avenir d'après le passé, il n'est pas dou-
teux qu'ils se fondront complètement dans
la nationalité française, dont on les voit
peu à peu adopter la langue et les usages,

tandis que nous ne leur empruntons rien.
Il n'y a donc pas lieu de se préoccuper
outre mesure de l'indifférence que la majorité manifeste à l'égard de la naturalisation ; l'effet se produit progressivement
à notre contact. Il faut convenir, il est vrai,
que peu de pays se montrent aussi hospitaliers que l'Algérie aux étrangers ; sauf
que les attributions territoriales sont exclusivement réservées à nos nationaux, ils y
jouissent des mêmes libertés, des mêmes
facilités pour acquérir ou commercer, de la
même protection générale.

INDIGÈNES.

Si, sur les points éloignés de notre contact. immédiat, les indigènes paraissent
avoir peu progressé, il n'en est pas de
même dans le cercle où notre action a pu se
faire sentir d'une façon directe ; là, pour
être lents, les progrès accomplis ne sont
pas moins sensibles aux yeux de l'observateur attentif.

La population indigène, surtout dans les
villes, se subdivise, d'après son origine, en
classes que nous indiquerons sommairement.

Presque tous les Arabes natifs des villes
exercent un métier ; ils sont tourneurs,
menuisiers, cordonniers, tailleurs, bro-
deurs, passementiers, cafetiers, travaillant
généralement pour leurs coreligionnaires :
quelques-uns, cependant, placés enfants
chez des Européens et font plus tard de bons

ouvriers. Quant aux femmes, elles restent enfermées dans les maisons, où elles vaquent aux soins du ménage ; peu se placent comme domestiques.

Certains métiers sont le partage à peu près exclusif d'indigènes natifs du dehors C'est ainsi que les M'zabites, qui émigrent momentanément, comme nos Auvergnats, pour s'amasser un pécule qui leur permettra de s'établir ensuite dans leur pays, sont bouchers, baigneurs, épiciers, droguistes, tandis que les Kabyles sont fabricants de burnouss, marchands d'huile, de fruits secs, de caroubes, portefaix, porteurs d'eau, armuriers, forgerons, etc. Les nègres, pour la plupart anciens esclaves amenés de Tombouctou ou du Soudan, dans la région d'Ouargla, d'où ils ont pu gagner l'Algérie et où ils ont recouvré leur liberté, ont la spécialité de blanchir les maisons et de fournir des danseurs-musiciens ; ils sont aussi cantonniers ou casseurs de pierres.

Les Marocains sont charbonniers ou fabricants d'amulettes ; les Tunisiens, marchands d'étoffes du Djerid, de gándouras en soie, de chachias rouges, d'essences de rose, de chapelets en ambre venus d'Orient, et de corail travaillé tiré d'Italie.

Quant aux Maures, bien déchus de leur ancienne splendeur, ceux qui possèdent encore quelques jardins, les font cultiver par des Kabyles ; les autres tiennent de petites boutiques, consacrées à la vente du tabac, des tuyaux de pipe en mérisier, etc.

Mais, au-dessus de ce monde indigène

livré au commerce et à l'industrie et qui
a, plus ou moins, modifié ses anciens procédés, commence à surgir une société nouvelle, encore peu nombreuse, il est vrai,
mais dont l'influence se fait et se fera
chaque jour sentir davantage ; elle est
composée de jeunes hommes qui, élevés
dans nos écoles ou dans nos lycées, em-
brassent des professions libérales, ou suivent la carrière administrative ou militaire ; chaque année leur nombre s'accroît ;
et, pour ne parler que de 1875 et du
Lycée d'Alger, cet établissement a fait
recevoir à la fin de la dernière année scolaire un élève indigène à Saint-Cyr, un à
l'Ecole vétérinaire d'Alfort, trois à l'Ecole
de cavalerie de Saumur, un à l'Ecole de
médecine d'Alger, d'où plusieurs déjà, sor-
tis avec le grade d'officier de santé, ont
été placés, par l'Administration, en qualité de médecins, dans des territoires arabes
éloignés ; d'autres ont passé avec succès les
examens d'interprètes judiciaires ou militaires, et on ne peut plus mettre en doute,
après les expériences faites, les excellents
résultats promis par la diffusion de l'instruction chez les indigènes mêlés sur les
bancs de l'école et du collége aux enfants
européens. La solution de cette question
est d'ailleurs une des plus constantes préoccupations du Gouvernement général, et
deux arrêtés récents, le premier réservant,
à partir de 1880, les emplois dont l'Administration dispose en faveur des indigènes,
à ceux ayant une connaissance suffisante

de la langue française, le second réorganisant les écoles arabes-françaises en territoire de commandement, lui ont fait faire un pas considérable.

Quant à l'Arabe de l'intérieur, il est agriculteur ou pasteur, soit pour son compte personnel, soit pour celui d'autrui : à ce double titre il est, bien choisi, un précieux auxiliaire pour le cultivateur européen qui l'emploie, soit comme journalier, soit comme garçon, soit comme intéressé.

Un demi-siècle ne s'est pas encore écoulé depuis le jour où, dans un intérêt supérieur de civilisation, la France a entrepris la conquête de l'Algérie ; vaincus, les indigènes, bien qu'ils trouvassent la domination de la France moins lourde que celle des Turcs, ne nous considérèrent cependant au début que comme des envahisseurs, que rendait odieux leur religion. Pendant plusieurs années, toutes les tentatives faites en vue de leur faire comprendre les avantages qu'ils retireraient de leur contact avec un peuple plus éclairé, furent stériles, et la pacification réelle des esprits ne commença qu'après la soumission d'Abd-el-Kader.

C'est seulement à partir de cette époque que chefs et petits commencèrent à se rapprocher de nous, les uns pour conserver leur rang, et par suite leur prestige aux yeux de leurs administrés, les autres pour se procurer les avantages que leur promettait notre commerce. On vit alors, à mesure que l'élément européen augmentait sur le sol algérien, les populations indigènes d'abord timorées, s'enhardir et ne plus fuir le voisinage de nos centres : en même temps, quelques individualités, poussées, soit par la nécessité, soit par l'appat du gain, se mettaient en rapport direct avec les Européens, les uns se plaçant comme bergers ou domestiques, les autres heureux de détenir à titre de location, les terres qui leur avaient appartenu.

Timides au début, les transactions commerciales prirent peu à peu de l'extension, et la loyauté commerciale française triompha bientôt des scrupules des indigènes, qui renoncèrent à se servir de l'intermédiaire des israélites auxquels ils avaient eu d'abord recours. Puis, de proche en proche, la confiance s'établit. Les nomades eux-mêmes, soumis par nos armes, osèrent franchir de nouveau les limites du Tell, et au lieu d'acheter leurs grains des mains des M'zabites, ils vinrent s'approvisionner sur nos marchés, réalisant ainsi une sérieuse économie. À leur tour, les Kabyles, reconnaissant que le vainqueur n'était pas un ennemi, fréquentèrent nos villes et mirent chaque année leurs bras à la disposition des colons pour les récoltes.

De ce moment, les relations étaient nouées ; il n'y avait plus de vainqueurs ni de vaincus, mais deux peuples dont l'un tuteur de l'autre, ne restait armé que pour maintenir son pupille dans les limites légales de la liberté, à la pratique de laquelle il l'initiait.

Cependant, à la suite des évènements de

1871, éclata encore une insurrection dont nous n'avons pas à rechercher les causes ; mais, ce que nous constatons, c'est que le châtiment rigoureux qui en a été la conséquence, n'a pas été une entrave au progrès, et le sequestre apposé sur les biens des révoltés n'a pas eu seulement pour résultat de livrer à la colonisation les terres qui lui faisaient défaut, mais, en réduisant les superficies des vastes espaces dont jouissaient les habitants indigènes sédentaires du Tell, il leur a enseigné la valeur réelle de la terre : de même que l'extension prise par les terres cultivées a appris aux nomades qu'ils devaient modifier leurs anciennes habitudes.

En résumé, la crise, que traversent en ce moment les populations arabes, ne peut que leur être favorable, si elles comprennent que la marche du progrès est inflexible. Pour ne pas reculer ou disparaître devant la civilisation qui ne peut s'arrêter, elles sortiront de leurs habitudes routinières. Déjà la division de la terre leur impose l'obligation d'entretenir la fertilité du sol par des fumures et d'améliorer leur matériel agricole ; il est permis d'espérer que la crainte de la misère qui les menacerait, s'ils hésitaient davantage, sera pour eux un maître mieux écouté que toutes les exhortations. Quant à améliorer les institutions indigènes, il ne peut plus aujourd'hui être question d'une semblable utopie ; elles sont appelées à disparaître ; mais progressivement, une à une. Dans l'intérêt de tous,

il faut se méfier des contre-coups, des ré-
actions produites par des secousses trop vio-
lentes.

Sans doute, la fusion des deux races
est un problème ardu et difficile, mais rien
n'autorise à désespérer de la régénération
d'un peuple, quand on est résolu à apporter à une telle œuvre la volonté et la
patience nécessaires. Peut-être rencontre-
rons-nous encore des difficultés, peut-être
des temps d'arrêt se produiront-ils, mais
ils ne sauraient faire perdre de vue à la
France le but qu'elle s'est proposé, et auquel chacun devrait concourir, en se faisant,
dans la sphère de ses moyens d'action, le
moniteur de la race à qui nous tentons de
faire prendre un rang honorable parmi les
peuples civilisés.

CHAPITRE XXII

ET DERNIER.

LE BILAN DE L'ALGÉRIE. — SA SITUATION ACTUELLE JUGÉE PAR L'ANGLETERRE.

Arrivé au moment où il nous faudrait
conclure, nous avons estimé qu'il était plus
convenable de laisser au lecteur le soin de le
faire, et, pour lui faciliter cette tâche, nous
nous bornerons à ajouter deux pièces à
celles qu'il a déjà sous les yeux : 1º Un
travail dû à la plume de M. Achille Fillias,

chef du Bureau central des renseignements
généraux et de la statistique générale à
Alger, et un des auteurs qui, par ses ouvrages historiques et géographiques, ont
le plus contribué à appeler l'attention publique sur l'Algérie ; 2° Un court extrait
du Rapport adressé, en 1875, à Sa Majesté
britannique, par M. Playfair, Consul général d'Angleterre.

Sous le titre de : BILAN DE L'ALGÉRIE,
travail destiné, lorsqu'il a été écrit, à servir
de préface à la deuxième édition de l'*Algérie ancienne et moderne*, parue en
1875, M. A. Fillias présente le tableau
rapide et saisissant du mouvement pro-
gressif de la Colonie, et réfute victorieuse-
ment par quelques chiffres bien groupés
toutes les erreurs, qui ont encore cours au
sujet des sacrifices occasionnés à la France
par la conquête et la civilisation de nos
possessions transméditerranéenne.

Ces lignes ont aussi à nos yeux le grand
mérite de combler une lacune que nous
sommes heureux de ne pas voir subsister
dans cet ouvrage. En effet, à propos des
dépenses occasionnées de 1830 à 1873 par
les divers services militaires en Afrique,
l'auteur rappelle en termes chaleureux la
part immense que l'armée a prise au développement de la France transméditerranéenne et nous fournit ainsi l'occasion
de rendre, à notre tour, aux généraux,
officiers, sous-officiers et soldats de l'armée
d'occupation, la justice à laquelle ils ont

droit, en nous associant de tout cœur aux éloges mérités que leur décerne leur historien.

Ceci dit, nous laissons la parole à M. A. Fillias :

Le Bilan de l'Algérie.

L'organisation du régime financier en Algérie comprend six périodes distinctes, savoir :

1° De 1830 à 1839, un seul budget : celui de l'Etat ;

2° En 1840, on crée un nouveau budget, dit *Budget colonial*, lequel est maintenu jusqu'à la fin de 1845 ;

3° En 1846 et 1847, on substitue au budget *colonial*, le budget *local* et *municipal* ;

4° En 1848, on ajoute aux budgets existants celui des communes *constituées* ; — en 1856, celui des centimes additionnels à l'impôt arabe ;

5° En 1859, les budgets locaux et municipaux sont supprimés, et le régime financier est organisé comme suit : Budget de l'Etat ; — Budgets provinciaux ; — Budgets des localités non érigées en communes ; — Budgets des communes constituées ; — Budgets des centimes additionnels à l'impôt arabe ; — Produits pour comptes divers ;

6° En 1868 (20 mai), le budget des centimes additionnels à l'impôt arabe change de nom et forme deux budgets nouveaux : celui des communes *mixtes* et celui des communes *subdivisionnaires* ; — on supprime le budget des localités érigées en communes (5 septembre) ; — en 1871 (24 novembre) on établit, en suite de la création des communes *indigènes*, un budget spécial à ces communes ; — En 1874 (13 novembre), on transforme en communes indigènes les communes subdivisionnaires créées par l'arrêté du 20 mai 1868 ;

Et au 1er janvier 1875, le régime financier est organisé ainsi qu'il suit :

1° Budget de l'Etat ;
2° Budgets départementaux :
3° Budgets des communes constituées ;
4°   —   mixtes ;
5°   —   indigènes ;
6° Budget sur ressources spéciales : — il est formé, comme l'indique son nom, de produits spéciaux et temporaires ; nous n'en parlons que pour mémoire.

Le dernier *Compte définitif des dépenses*, approuvé par l'Assemblée nationale, est celui de 1869 : nous aurions pu nous arrêter à cette date, mais le dernier volume de statistique publié par le Gouvernement général établissant la situation des divers services au 31 décembre 1872, nous avons pris pour évaluation des dépenses de chacun d'eux la moyenne des dépenses faites de 1866 à 1870 (4 ans).

Pour chacune des périodes indiquées ci-après, les produits et les dépenses se répartissent comme suit :

PRODUITS.		DÉPENSES.
	De 1830 à 1839	
25.385.790 fr.		18.841.034 fr.
	De 1840 à 1845	
80.059.589		77.016.871
	De 1846 à 1847	
43.128.530		43.776.363
	De 1848 à 1858	
273.455.025		325.014.530
	Dé 1859 à 1865	
279.143.634		297.104.906
	De 1866 à 1873	
216.565.427		267.328.601
917.737.995		1.029.082.305

Ce tableau indique les revenus et toutes les dépenses *civiles* de l'Etat. Dans ces dépenses sont comprises non-seulement celles qui sont à la charge du budget général de l'Algérie, mais encore celles qui figurent dans les budgets des départements ministériels pour les Services de la Justice, de l'Instruction publique, des Cultes et des Finances (Douanes, Tabacs et Trésorerie), dont l'action s'exerce directement en Algérie.

La situation se résume donc comme suit :

Dépenses.............. 1.029.082.305 fr.
Produits..............   917.737.995 «
Déficit...........   111.344.310 fr.

Les divers changements survenus dans l'organisation administrative de l'Algérie ne permettent pas d'affirmer que toutes les sommes portées dans le tableau ci-dessus sont d'une exactitude *absolue,* mais on peut assurer qu'elles sont au moins très-approximatives. La situation que nous venons d'établir nous paraît donc suffisamment justifiée : — Or, cent onze millions, c'est payer peu cher, on en conviendra la régénération de ce pays.

Nous n'avons parlé que des dépenses *civiles*, — et l'*Armée,* dira-t-on, combien coûte-t-elle ? Nous allons l'établir :

De 1830 à 1867, l'effectif a varié entre 17.939, chiffre le plus bas *(en 1831),* et 96.473, chiffre le plus haut *(en 1846).* La moyenne des 37 effectifs est de 61.463. — Les dépenses faites « *pour les divers services militaires* » comprennent quatre périodes distinctes : La guerre d'invasion ; — la guerre contre Abd-el-Kader ; — les expéditions dans l'intérieur et dans le Sud ; — enfin (1858), l'état de paix. L'ensemble des dépenses s'élève à 2.036.074.288 francs. Nous tenons ce chiffre pour rigoureusement exact, parce qu'il est fourni par l'Administration de la guerre.

De 1867 à 1873, l'effectif moyen est de 67.935 : soit, plus exactement et pour six années, 407.609 hommes. Ici, le chiffre des dépenses nous manque : mais, si on admet, d'après les nouvelles évaluations, que le coût de chaque homme de toutes armes *(matériel compris)* atteint, en moyenne, 1.000 francs par an, on est fondé à dire que le montant de ces dépenses s'élève à 407.609.000 francs environ. — Le r·levé général des dépenses faites en Algérie, de 1830 à 1873, pour les divers services militaires est donc établi comme suit :

De 1830 à 1840........	264.127.342 fr.
De 1840 à 1848........	587.334.292 »
De 1848 à 1859........	695.529.438 »
De 1859 à 1867........	489.086.216 »
De 1867 à 1873........	407.609 000 »
Au total....	2.443.683.288 fr.

Deux milliards, quatre cent quarante trois millions, voilà ce qu'a coûté, de 1830 à 1873, l'entretien d'une armée qui a conquis, puis pacifié un pays immense, a créé des ports, percé des routes, construit des barrages, édifié des villages entiers, doté la France d'un territoire presque égal au sien : — tout cela, sans bruit, sans morgue, se montrant partout et toujours insouciante des fatigues, amoureuse du danger, et toujours lancée la première, aux heures des grandes luttes, en Crimée, en Italie, au Mexique ... en Alsace !...

Et si, aux dépenses militaires, nous ajoutons l'excédant des dépenses civiles (111.344.310 fr.) porté plus haut, nous trouvons que, tout compte fait, l'Algérie coûte à la France deux milliards cinq cents millions.

Cette dépense est-elle improductive ? — Les chiffres répondront pour nous :

La France possède une Colonie qui embrasse 24.000 lieues carrées : le Domaine de l'Etat y représente une valeur de près de 200 millions :

Le mouvement commercial de l'Algérie, de 1830 à 1874 se traduit par les chiffres suivants :

A l'importation...	4.524.086.833 fr.
A l'exportation...	1.719.692.438 »
Total......	6.243.779.271 fr.

Soit au total, plus de six milliards.

En admettant que ce mouvement considérable n'ait donné au commerce que 10 % de bénéfices nets, ce serait encore six cents millions qui, dans cette période de 43 ans, auraient accru la fortune publique.

En ce qui touche le rapport de M. Playfair, l'espace nous manque pour reproduire
in-extenso ce remarquable et conscien-
cieux travail. Pour plusieurs questions, cette
reproduction serait d'ailleurs un double
emploi ; car, comme nous, l'auteur a puisé
les chiffres dont il fait usage aux sources
officielles ; et, écrivant un an après lui,
nous avons pu nous appuyer sur des travaux statistiques encore inédits, ou publiés
depuis la publication du rapport de M. le
Consul général d'Angleterre. Nous nous
bornerons donc à citer l'appréciation suivante de M. Playfair sur la situation de
l'Algérie, à la date du 26 février 1875 :

« Aucun doute ne peut subsister dans
» l'esprit d'un observateur impartial sur
» la situation des plus satisfaisantes dans
» laquelle se trouve actuellement l'Algérie ;
» cette situation est due au rétablissement
» de la tranquillité qui a suivi la dernière
» insurrection et à une sage politique inté-
» rieure. Le plus grand ennemi que l'Al-
» gérie ait à combattre, c'est l'ignorance
» dans laquelle demeurent, à son égard, à
» l'Etranger comme en France, ceux-là
» même qui auraient le plus d'intérêt à
» bien connaître ses immenses ressources. »

M. Playfair a mille fois raison, l'ennemi
que nous devons combattre sans relâche, et
auquel le général Chanzy, après l'avoir
signalé dès les premiers jours de son arrivée à la direction des affaires algériennes, a
déjà porté de rudes coups par la création

des Bureaux de renseignements et de la *Correspondance générale*, est bien l'ignorance.

Puisse ce petit livre contribuer de son côté à répandre la lumière.

RECTIFICATIONS

Quelques erreurs nous ont échappé, que nous devons rectifier.

A la page 10, chapitre II, nous avons indiqué le chiffre de 2,416,225 habitants comme représentant la population totale de l'Algérie, et le même nombre comme représentant la population musulmane. Pour le second chiffre, c'est 2,125,252 qu'il faut lire.

Nous devons aussi expliquer que, par population en bloc (11,482 habitants) on entend le personnel des établissements où sont réunis temporairement un certain nombre d'individus n'ayant pas dans leur localité la résidence municipale (Maisons centrales de force et de correction, maisons d'arrêt et de justice, hospices, orphelinats, lycées et colléges communaux, écoles spéciales, séminaires, pensionnats, communautés religieuses.)

Page 19 (chapitre III,) 14e ligne, au lieu de : le budget spécial du gouvernement général est rattaché au ministère de l'intérieur, il faut lire : est rattaché à *celui* du ministère de l'intérieur ; à la page suivante (2e ligne), c'est à tort que nous avons dit que le même budget était soumis à l'examen du ministre de l'intérieur ; il est porté devant la Chambre tel qu'il a été préparé par le gouvernement général.

Page 52, après avoir cité les Musées archéologiques de Philippeville et de Bône, nous aurions dû mentionner également ceux de Sétif, Lambessa, Cherchell, etc., etc.

TABLE DES MATIÈRES

—

FONDERIE

DE

CARACTÈRES D'IMPRIMERIE

français et étrangers

de

Lazare Olive

———

Rue Saint-Jacques, 57.

MARSEILLE.

F. MARTHOUD

DISTILLATEUR

ALGER, RUE BUGEAUD, AU PALMIER, ALGER.

Membre de l'Académie nationale agricole manufacturière et commerciale

—

SPÉCIALITÉS ALGÉRIENNES

BITTER HYGIÉNIQUE

Approuvé par le Conseil d'hygiène du département d'Alger et par l'Académie Nationale agricole, manufacturière et commerciale, médaillé aux Expositions de Vienne, de Lyon et de Paris.

Ce Bitter constitue une boisson économique et saine convenant particulièrement aux pays chauds.

———

LIQUEUR DE GENCIANE

CRÊME DE THÉ

(fabriquée avec les thés indigènes.)

——

Expédition à l'intérieur en France et à l'Etranger

——

GRANDE FABRIQUE DE GLACE ARTIFICIELLE

Rue Bugeaud, au Palmier

Alger

IMPRIMERIE

DU

JOURNAL DU COMMERCE

ET DES TRAVAUX PUBLICS

Rue Constantine, 15

Alger

—

Directeur : A. DEYME.

—

LABEURS, MÉMOIRES, CIRCULAIRES,

TÊTES DE LETTRES,

ENVELOPPES IMPRIMÉES

CARTES DE VISITE, ETC.

—

Typographie. — Lithographie.

RELIURE

—

Le *Journal du Commerce et des Travaux publics*, fondé à Alger le 21 mars 1874, paraît en grand format, tous les samedis. Le prix de l'abonnement est de **4 fr.** pour trois mois ; **7 fr.** pour six mois et **12 fr.** pour un an.

Ce journal est la seule des feuilles de la Colonie qui publie régulièrement, en tête de chaque numéro, les adjudications de travaux publics, d'entreprises diverses ou de fournitures militaires à effectuer dans les plus petits centres des trois départements algériens.

Quincaillerie, fers, métaux, cordages.

___

JULIEN BILLIARD & CHABRE

Rue Bab-Azoun, 8

ALGER

___

SEULS DÉPOSITAIRES ET AGENTS

DES MAISONS SUIVANTES :

Meugniot

Charrues fixes en fer, — défricheuses, —araires. — avant-trains, — charrués vigneronnes, — herses en bois et en fer.

Th. Pilter

Faucheuses, — moissonneuses, — machines à battre, — rateaux à cheval, — locomobiles, — herses Howard.

Mabille frères

Pressoir universel de toutes grandeurs, — presses à huile et à fourrage

Rauschenbach, de Schaffouse,

Petites batteuses à bras et à manége, — et autres instruments agricoles

S. Charles

Lessiveuses économiques, — barattes, — appareils de vidange, — cuit-légumes pour bestiaux.

Marcel Pochet

Meules de moulin de la Ferté.

LIMOZIN FRÈRES ET Cie

Place Bresson, près le Théâtre.

ALGER

—

MAISON A MARSEILLE. — MAISON A PARIS.

—

QUINCAILLERIE - FERRONNERIE

—

FERS EN BARRES, laminés, Alais, Suède et
toute autre provenance.
SPÉCIALITÉ pour les FERS à T à PLANCHERS.
ACIERS d'Allemagne et de toute autre prove-
nance pour *Taillandiers*.
ACIERS FONDUS vrai Anglais et Français.
TOLES ordinaires et douces, supérieures.
FERS FEUILLARDS, toutes dimensions.
CRICS doubles et simples noix de toutes
forces.

OUTILS

de CHAUDRONNIERS, FERBLANTIERS, MENUISIERS
et TOURNEURS.
de MENUISIERS (cormier, chêne ou autres, en
tous genres, montés).
de MINEURS (complets), PLATRIERS, TAILLEURS
DE PIERRES, COUVREURS.

—

Usine à vapeur à l'Agha

—

FONDERIE DE CUIVRE ET DE FONTE

TRANSIT NATIONAL

—

PHILIPPE HUSTEL

Commissionnaire-Transitaire et Entrepreneur de roulage,

Rue du Hamma, 3, a Alger.

Forfaits pour Aumale, Belle-Fontaine, Col des Beni-Aïcha, Isserbourg, Blad-Guitoun, Isserville, Issers, Bordj-Ménaïel, Azib-Zamoun, Tizi-Ouzou et Fort-National, Souk-el-Haad, Beni-Amran, Palestro, Bordj-Bouïra, Adjibâa et Beni-Mansour ; Médéa, Boghari, Boghar, Djelfa et Laghouat.

Pour toutes les marchandises venant de France ou de l'étranger, faire adresser à M. PH. HUSTEL, en gare à Marseille. — Aviser de l'envoi par lettre.

Manufacture Algérienne

—

TABACS ET CIGARES
M^{as} MÉLIA

Place du Gouvernement, sous la Régence

ALGER

—

Expéditions pour l'Algérie, la France et l'Etranger.

Seul Agent pour l'Angleterre : M. *Charles Rothery*, Orange street

HALIFAX

E. HARLAUT et Cie

ALGER

—

Cuirs et Peaux brutes

de toutes sortes

Fonderie de suif

Laines, huiles d'olive, céréales et tous autres produits de l'Algérie pour l'exportation.

Usine au Ruisseau, Mustapha-Inférieur.

Compagnie des Docks Algériens

—

J. DUVALLET et Cie.

Boulevard de la République

ALGER

—

Magasins généraux et Salles de ventes publiques autorisés en vertu de la loi du 28 mai 1858 et par décret du 12 mai 1860.

RAFRAICHISSOIR

ECONOMIQUE

pour l'eau et la bière sans l'altérer

Cet appareil a l'avantage de rafraîchir la bière au fur et à mesure que la consommation s'en fait.

—

Chez RIUDAVETS

Rue Bab-Azoun, 29.

ALGER

MAISON FONDÉE EN 1832

—

CHAPELLERIE EN TOUS GENRES

SPÉCIALITÉ

De képis et de chapeaux exotiques et casques

en moëlle de sureau des Indes

—

JAUFFRFT

SUCCESSEUR DE

PEISSON ET Cie

8, rue Bab-Azoun, Alger

Alger.

F. SUBRA

BALANCIER - MÉCANICIEN
ALGER, 5, rue Neuve-Jénina, 5, ALGER

INSTRUMENTS

DE PESAGE

en tous genres

Bascules et Balances
Pour les travaux
publics, — l'industrie,
l'agriculture et le com-
merce.

BASCULES

PORTATIVES

*et autres de forces
diverses*

Bascules à bestiaux. —
Ponts-bascules pour le
pesage des voitures. —
Balances et romaines
de tous les modèles.

Fournisseur des chemins de fer de Paris à Lyon et à la Méditerranée, section algérienne, de la Mairie, des poids publics, administrations civile et militaire. — Fabrication de bascules métalliques
de tous les modèles, spéciale sur commande.
Représentant de la Maison PACOT et MONY.

HORLOGERIE V. PÈCHEUR

PLACE BRESSON

AU-DESSOUS DE L'HÔTEL D'EUROPE

ALGER

ACHAT DE MATIÈRES D'OR ET D'ARGENT

BIJOUTERIE ET ORFÉVRERIE

Réparation

DE

MONTRES, PENDULES, BIJOUX

EN TOUS GENRES

Toute commande de l'intérieur est immédiatement expédiée contre remboursement, aux prix les plus modérés.

CORDONNERIE FRANCO-SUISSE

L. MARTIN

18, RUE BAB-AZOUN, 18

ALGER

AVIS AUX FUMEURS

MANUFACTURE COLONIALE

DE

TABACS ET CIGARES

DE

JOSÉ MONTOYO

Rue de la Charte, 13

Bureau de vente :

PLACE DU GOUVERNEMENT, ANGLE DE LA
RUE BAB-AZOUN

ALGER

GROS, DEMI-GROS ET DÉTAIL

Cette maison, fondée depuis plus de trente
ans, se recommande particulièrement à MM. les
fumeurs par l'excellence et la supériorité de
ses produits, par le choix des tabacs, exclusivement de première qualité, employés dans sa
fabrication.

On trouvera dans cet établissement les déli-
cieux cigares et cigarettes dits PUROS, LON-
DRÈS, OPÉRAS *(pur Havane)*, MIXTOS, PANA-
TELLAS, BREVAS, TORREDOS, DEMI-LONDRÈS,
ENTR'ACTES, JAVANAIS, DEMI-HAVANE ainsi que
les excellentes et nouvelles cigarettes confec-
tionnées avec les tabacs du *Levant*, de *Mary-
land* et de la *Havane* (CIGARETTES MONTOYO),

Expéditions à l'intérieur, en France et à
l'Etranger

REMISES IMPORTANTES AUX DÉBITANTS

SOCIÉTÉ GÉNÉRALE

DE

Transports maritimes

A VAPEUR

SOCIÉTÉ ANONYME

CAPITAL : 12 MILLIONS

Ligne de la Méditerranée

AU BRÉSIL ET A LA PLATA

SERVICE POSTAL A GRANDE VITESSE

Départ de Naples,   le 8 de chaque mois.
Id.   Gênes,   le 14   —
Id.   Barcelone, le 17   —
Id.   Gibraltar, le 19   —
Id.   Marseille, le 16   —

PAQUEBOTS DESSERVANT LA LIGNE

Bourgogne,	2.000	tonneaux	et	300	chevaux
Picardie,	2.000	—	et	300	—
Poitou,	3.000	—	et	350	—
Savoie,	3.000	—	et	350	—
France,	5.000	—	et	600	—

Ligne de l'Algérie

Départs pour Philippeville et Bône, 2 fois par
semaine.
Départs pour Bône, plusieurs fois par semaine.
Départs pour Alger, tous les samedis.

A. LYON

Teinturier à Alger, rue Bab-Azoun

USINE A BAB-EL-OUED

Transformation de nuances sans teinture

Procédé breveté s. g. d. g.

Nous signalons à l'attention du monde industriel une découverte importante due à un Algérien ; elle a pour but la transformation, *sans teinture*, des nuances des étoffes de soie connues sous le nom de failles. Ce procédé, pour lequel l'inventeur, M. Lyon, a pris un brevet d'invention, nous paraît appelé à produire une véritable révolution dans le commerce et dans l'industrie, car il a pour résultat de donner aux étoffes piquées, frappées d'air, coulées ou démodées une valeur marchande au moins égale à celle qu'elles avaient en sortant de la fabrique. Il est d'ailleurs d'une application très simple et consiste à faire passer, soit les pièces, soit les objets confectionnés, d'un bain composé suivant la formule de l'inventeur, dans un bain d'eau bouillante. C'est dans le premier bain que la transformation s'opère, et nous avons vu nous-même des échantillons de couleurs différentes plongées simultanément dans le même bain, prendre des nuances nouvelles, en même temps que disparaissaient toutes les altérations subies par les étoffes expérimentées. Les nuances ainsi obtenues sont toutes très franches, et ont l'avantage d'être infiniment plus résistantes à toutes les causes de détérioration, eau, soleil, air, poussière. De plus, il est à remarquer que le grain de la soie ne subit aucune altération ; que même la qualité du tissu s'améliore et que les lisières blanches des pièces ne sont en rien modifiées. Si l'on défile une étoffe ainsi transformée, on reconnaît que chaque brin de soie possède la même teinte que l'étoffe vue dans son ensemble.

Les résultats obtenus par l'application de ce procédé sont aussi prompts que surprenants.

P. SIMOUNET & PIC

PHARMACIE-DROGUERIE

DU PILON D'OR

25, Rue de Chartres, 25
ALGER

—

Avantageusement connu depuis un grand nombre d'années déjà, cet établissement prend tous les jours une importance plus grande : son débit considérable lui permettant de renouveler sans cesse les nombreux produits qu'il livre à sa clientèle, il se trouve conséquemment à même de fournir tous ses médicaments dans des conditions telles, au point de vue de la qualité, et surtout de la modicité des prix, qu'il ne redoute aucune concurrence. Parmi les produits que spécialise la maison, on peut citer :

1° Le Thé Bros, purgatif, fort apprécié déjà. — La boîte................, **0 93**

2° L'Anolé de quinquina concentré pour la préparation instantanée du vin de quinquina. — Prix du flacon......................... **1 00**

3° Alcoolat algérien, hygiénique, stomachique, etc., etc. — Le flacon **1 50**

4° Elixir fébrifuge. — Le flacon..... **3 00**

5° Pâte d'escargots. — La boîte...... **1 00**

    Sirop   id.   — Le flacon..... **1 00**

6° Baume-Liniment-Simounet contre les douleurs rhumatismales et autres. — Le flacon..,.......... **1,50**

L'établissement livre, en outre, à prix réduits, toutes les spécialités françaises et étrangères.

EXPÉDITIONS CONTRE REMBOURSEMENT

FERDINAND MOUTTE

CONVOIS MILITAIRES

ROULAGE POUR TOUS PAYS

Grains, laines et peaux

24, RUE D'ISLY. 24.

ALGER

MESSAGERIES MARITIMES

PAQUEBOTS-POSTES FRANÇAIS

SERVICE ACCÉLÉRÉ ENTRE MARSEILLE ET ALGER

Départ de Marseille	*Départ d'Alger*
tous les samedis à 5 h. du soir.	tous les mardis à 6 h. du soir.
Arrivée à Alger le lundi matin.	Arrivée à Marseille le jeudi matin.

Passage à prix réduits

Nota. — Les fonctionnaires civils et militaires voyageant à leurs frais, ainsi que leurs familles, jouiront des avantages stipulés en leur faveur tant pour leur passage que pour leurs bagages.

Service combiné avec le chemin de fer d'Oran à Marseille et vice-versa en passant par Alger avec faculté d'y séjourner quatre jours.

. La Compagnie accepte à Alger les marchandises à destination de l'Angleterre, pour être transbordées à Marseille sur l'un de ses propres paquebots faisant un service régulier entre Marseille et Londres. — Départ de Marseille le samedi de chaque 2 semaines.

Départs de Marseille

Pour *Londres*, le samedi de chaque 2 semaines.

Pour *Constantinople*, tous les samedis.

Pour *Alexandrie*, tous les jeudis.

Pour la *Côte de Syrie*, toutes les semaines, alternativement le vendredi et le jeudi.

Pour *Barcelone*, tous les dimanches.

Pour les *Indes*, *la Chine* et *le Japon*, le dimanche de chaque 2 semaines.

Départs de Bordeaux

LES 5 ET 20 DE CHAQUE MOIS

Pour la Corogne, Lisbonne, le Sénégal, le Brésil et La Plata.

Gouvernement général civil de l'Algérie

Direction générale des AFFAIRES CIVILES et financières	**COLONISATION** — **AVIS**	RENSEIGNEMENTS généraux et statistiques

Les agriculteurs et les industriels désirant s'établir en Algérie, trouveront des renseignements qui pourraient les intéresser, au Bureau central des

RENSEIGNEMENTS GÉNÉRAUX

Situé à Alger

Hôtel des Postes, à l'entresol, boulevard de la République,

ainsi qu'aux Bureaux de renseignements d'Oran,

Philippeville et Bône

IMMIGRATION. — COLONISATION. — AGRICULTURE. INDUSTRIE.

COMMERCE, TRANSPORTS, CHEMINS DE FER; EXPLOITATION DES MINES, — CARRIERES, — FORÊTS — ALFA Lois et règlements spéciaux à l'Algérie, etc.

NOTA. — On répond, par écrit, à toute demande de renseignements adressée FRANCO, sous forme de note, à M. le Chef du Bureau central des renseignements à Alger, et contenant le montant de l'affranchissement de la réponse.

Des Bureaux de renseignements sont également établis, en France, à la Direction de l'Algérie, Paris, 99, rue de Grenelle, à Marseille et au Havre.
